U0396505

我们的广西
WOMEN DE GUANGXI

红树林

HONGSHULIN

◎范航清 等著

广西出版传媒集团
GUANGXI CHUBAN CHUANMEI JITUAN
广西科学技术出版社
GUANGXI KEXUE JISHU CHUBANSHE

“我们的广西”丛书

总 策 划：范晓莉

出 品 人：覃　超
总 监 制：曹光哲
监　　制：何　骏　施伟文　黎洪波
统　　筹：郭玉婷　唐　勇
审稿总监：区向明
编校总监：马丕环
装帧总监：黄宗湖
印制总监：罗梦来

装帧设计：陈　凌　陈　欢
版式设计：梁　良

前　言

撰写中国第一本红树林科普著作《红树林——海岸环保卫士》是20年前的事了。1998年女儿出生，那时科研任务少，日子清贫，有的是时间和精力，经过一年多的七拼八凑，拙作于2000年面世，随后成为2001年全国红树林资源试点调查的培训材料。也正是因为那次经历，让我对面向公众写作的不易刻骨铭心，此后再也没有胆量写长篇大论了。《红树林——海岸环保卫士》主要介绍了放之四海而皆准的红树林自然知识，基本不涉及资源、开发利用和管理等现实问题，但包含了我在1986～1999年的不少科研素材与体验，使自己的青春年华在墨香中得以依稀留存，这也是《红树林——海岸环保卫士》至今让我聊以自慰的唯一收获。

斗转星移，2017年下半年，广西科学技术出版社邀请本人参加献礼广西壮族自治区成立60周年大型复合出版工程“我们的广西”，负责《红树林》分册的编写工作。本人诚惶诚恐，因为不知道该写些什么。18年来，我国红树林著作频出，我已无力超越。岁月的沉淀，资政育人的经历，以及国家对生态文明建设的重视，使我萌生了创作杂论的冲动：既要介绍红树林的重要基础知识，更要突出广西红树林资源现状和特色、最新科研成果、存在问题、发展趋势与思想顿悟，使本书尽可能包含百科、策略、前瞻要素，具有一定的学术意义和社会进步参考价值。令我欣慰的是，这一念头与出版社的想法不谋而合。本书围填海和红树林造林简史、地埋管网生态养殖、虾塘红树林生态农场、红树林海岸房地产、红树林立法保护及广西红树林研究历程等内容就是这一冲动的结果。理想丰满，现实骨感，是否能达到预期效果只能留给读者评判了。

广西北部湾沿海因为生长着大面积的天然红树林，在21世纪"海上丝绸之路"的生态纽带中占据独特地位。2017年4月，习近平总书记视察了广西北海金海湾红树林生态保护区，做出了保护红树林的重要指示，吸引了全国人民的目光。为了让公众、决策者和青年科学家更好地了解红树林的特征、作用及广西红树林保护、恢复与合理利用现状，共同探索更加有效的保护方法与合理利用之道，本书应运而生。

在互联网信息撑破手机的今天，静心通读一本乏味之作绝非易事，"快餐消费"已大行其道。为了降低本书被当作废纸出售的风险，现将本书七个章节的主要内容和管窥之见提炼了一下，一来可以供应"知识快餐"，二来可以起到导读作用，"丰俭由人"。

第一章介绍了红树林的背景知识和国内外保护情况。红树林是生长在热带、亚热带潮间带滩涂上的乔木和灌木森林的统称，通俗地讲就是生长在海水中的森林。她一头依偎着陆岸，一头牵挂着海洋的生命与生态，与沿海人民群众的生命财产安全及海洋蛋白供给息息相关，是我国海洋生态文明建设的一个醒目标杆。

红树林因为具有发达根系、胎生繁殖、抗盐、耐腐蚀等独特本领，才可以在潮起潮落的海边生长。特殊的自然地理分布和生长环境，使红树林在保护海岸、维护海洋渔业资源和近海生物多样性、净化海水、固碳储碳、药用、改善海岸景观、开展科学研究、进行生态体验、建设中国—东盟海上生态廊道等方面具有陆地森林不可取代的作用。

1980～2000年，全球红树林丧失了20%～35%，年均减幅1%以上，到2000年仅存约1500万公顷。按照这一消失速率推测，未来100年世界上几乎所有的红树林都将消失。历史上，我国红树林有林面积曾达25万公顷，20世纪50年代剩下约5万公顷，2001年降至2.2万公顷，2013年回升至2.53万公顷（红树林湿地面积3.45万公顷），由39种红树植物组成（其中2种为成功引进种）。通过大规模的人工造林，中国红树林面积从2001年开始出现了年均1%以上的恢复性增长，成为红树林不减反增的极少数国家之一，为世界红树林保护做出了积极贡献。

第二章介绍了广西北部湾红树林的自然演变和资源现状。红树林在7000万年前诞生在地球上，在大约6000年前出现在广西的沿海滩涂上。历史上繁茂的红树林成就了广西2000多年灿烂的南珠文化。清代开始，广西沿海的红树林遭到规模化围垦，20世纪80年代末广西还留存海堤498个，其中的455个修建于1949年之前。1840年左右，广西有红树林24065.8公顷，至1949年约10856.6公顷。2013年广西有红树林7243.15公顷，其中北海市3263.66公顷、钦州市2097.41公顷、防城港市1882.08公顷，主要分布在北仑河口、珍珠湾、茅尾海、防城港东西湾、大风江、廉州湾、铁山港湾等海湾。河口小、潮差大、盐度高、土壤贫瘠、冬季低温，使低矮的白骨壤成为广西红树林的主要品种。此外，广西红树林的天然林比例在全国名列前茅，原生态程度高。

第三章举例说明了广西红树林的生物多样性，打消以往“只见素不见荤”的狭隘保护观，强调基于生态系统的保护理念。优良的环境和充足的养分使红树林成为近岸海洋生物的“大都会”。目前，我国红树林湿地记录的生物已超过3000种，其中传统食用的种类有近100种。白骨壤果实、青蟹、短指和尚蟹、弹涂鱼、蓝子鱼、金钱鱼、可口革囊星虫、青蛤、褶牡蛎、红树蚬、石磺、中华乌塘鳢等海鲜品种在广西沿海家喻户晓。广西红树林共记录鸟类约370种，占广西鸟类总数的40%左右，其中被列入《国家重点保护野生动物名录》的鸟类有54种：属于国家一级重点保护野生动物的有黑鹳、中华秋沙鸭、白肩雕，属于国家二级重点保护野生动物的有黑脸琵鹭、黄嘴白鹭、岩鹭、小青脚鹬等51种。广西红树林内昆虫种类超过200种，其中有37种在一定的条件下会危害红树林。

第四章介绍了影响广西红树林生长和健康的因素，增强人们生态保护忧患意识。危害广西红树林的因素中95%是人为因素，主要包括围填海、污染、挖掘经济动物、林区放养畜禽、滨海天然陆生植被退化等。1980～2000年，广西沿海虾塘建设侵占了1464.1公顷红树林；1986～2008年，广西有166个新虾塘来源于红树林，毁灭红树林438.91公顷。在2014年广西入海污染源中，河流占86.74%，虾塘只占5.31%。然而，虾塘养殖水体，尤其是塘底沉积物的污染物浓度是自然海水的数十倍，它们的集中排放往往成为生态灾难的导火索。无序放养家鸭生产海鸭蛋已导致团水虱的暴发，造成广西局部红树林的连片死亡。自然因素也会影响红树林的生长，如2008年的特大寒害，使广西嗜热性红树植物类群的恢复至少倒退了10年。我国南海平均海平面每年升高2～3毫米，堤前红树林前淹后堵，前景堪忧。虫害和浒苔看似自然危害，其背后的根源依然是不恰当的人类活动。入侵盐沼植物互花米草已在大风江以东的广西沿海肆虐，开始侵占部分港湾的红树林生境。近10多年来，广西在一些海区种植源自孟加拉国的无瓣海桑和源自墨西哥的拉关木，它们生长快、植株高，可其生态效应有待观察。从红树林的发展历史看，红树林的减少间接导致了海草床的衰败，以及儒艮（俗称“美人鱼”）的销声匿迹和野生珠母贝等近海渔业资源的显著减少。

第五章研判了红树林人工恢复情况，将我国及广西红树林造林的历史划分为四个阶段：自发造林阶段（1980年以前）、补救造林阶段（1981~2000年）、恢复造林阶段（2001~2012年）、生态造林阶段（2013年以后）。实际上，今天绝大部分红树林造林活动的科学本质是在困难滩涂上重建红树林，难度大、成本高、成活率低是其特征，并表现为“一年活，二年死，三年死光光”。例如，2002~2015年，广西红树林造林作业面积3984.5公顷，成功面积1338.9公顷，保存率只有33.6%。如此低的保存率还得益于外来树种无瓣海桑高成活率的贡献。为了尽量少用外来速生树种进行红树林重建造林，本章特别介绍了广西北仑河口国界海岸“造滩—乡土盐沼草—乡土红树林”的生态重建成功范例。此外，本章还针对红树林恢复过程中的科学认知、规划设计、技术、投入、抚育、验收等环节提出了建议。

第六章针对“绿水青山就是金山银山”的经济新思想和产业转型需求，介绍了不砍不围潮间带红树林的“地埋管网红树林原位生态养殖”；响应“退塘还林（湿）”与减少污染物排放国家战略的“虾塘红树林生态农场”设计蓝图；符合国家“蓝色海湾”整治工程要求的“生态海堤”建设范例；红树林生态旅游，红树林房地产生态溢价的“二八定律”及“生态杠杆”财政原理。本章力促解放思想、拓宽视野、激励创新、科技引领，助推可持续发展。

第七章回顾了从国家到地方各级领导对红树林保护的期盼，广西红树林保护、立法、科研与国际合作情况，为今后的决策与管理编织脉络。为了保护红树林，广西已建立2个国家级自然保护区、1

个省级自然保护区、1个国家海洋公园、1个国家湿地公园、6个自然保护小区，合计保护红树林约4498.11公顷，占广西红树林总面积的61.38%，占全国红树林总面积的17.77%。广西沿海各市及在自治区层面尚未颁布红树林保护专门条例，但已进入立法程序。保护对象、保护范围与边界、保护地以外红树林的管理及恰当的法律禁止性条文是立法的难点。广西红树林科学研究经历了1980～1990年的起始阶段、1991～2000年的积累阶段、2001～2010年的快速发展阶段、2011年以来的应用攻坚阶段，度过了21世纪头10年的红树林国际合作黄金期，培养了人才，提高了能力，促进了管理，显著提升了国内外影响力。

值此立秋之际，数月来见缝插针、搔头抓耳、爬格统稿的苦差终告完结。希望本书能像《红树林——海岸环保卫士》那样记录本人和团队进入21世纪以来的工作痕迹，将来退休后闲庭漫步中信手翻翻，借以品嚼流失的岁月。若本书能给广西乃至全国的红树林保护与合理利用带来些许作用，而不是贻笑大方，乃笔者之大幸。

本书从资源生态着笔，鬼使神差地写到蓝色经济与立法保护，要感谢广西壮族自治区人民政府参事室在过去的5年里提供的专题调研机会，感谢广西壮族自治区人大常委会法制工作委员会给予的地方立法咨询机遇。正是在完成这些任务的过程中，笔者才战战兢兢、一知半解地走到学科的边缘，提出了一些不成熟的观点，如有不妥之处还请读者手下留情。

为了集大成和培养团队，本人邀请了广西红树林研究中心14位科研骨干参与了相关章节的编写。潘良浩完成第二章中“三、广西红树植物的组成”和第四章中“三、外来物种”的“（二）无瓣海桑”“（三）拉关木”；孙仁杰完成第三章中“二、广西红树林鸟类”；陶艳成完成第二章中“二、广西现有红树林资源分布情况”和第四章中“三、外来物种”的“（一）互花米草”；周浩郎完成第三章中“一、餐桌上的红树林生物”的“（四）弹涂鱼”“（五）蓝子鱼”“（六）金钱鱼”，参与第七章中“二、广西红树林自然保护地”“五、广西红树林国际合作”的编写；刘文爱完成第三章中“三、广西红树林昆虫”，参与第四章中“一、人为干扰”的“（四）海鸭蛋之祸”的编写；李斌完成第一章中“四、红树林的作用”的“（四）海岸水质净化带”；史小芳完成第一章中“三、高超的生存本领”；吴斌完成第三章中“一、餐桌上的红树林生物”的“（八）青蛤”“（九）褶牡蛎”“（十）红树蚬”“（十一）石磺”和第四章中“二、自然灾害”的“（四）浒苔”；阎冰完成第三章中“一、餐桌上的红树林生物”的“（七）可口革囊星虫”，参与第七章中“四、广西红树林研究历程”的编写；陈思婷完成第一章中“四、红树林的作用”的“（五）海洋药物宝库”；曾聪完成第四章中“二、自然灾害”的“（一）极端低温”；邱广龙完成第三章中“一、餐桌上的红树林生物”的“（一）白骨壤果实”；杨明柳完成第三章中“一、餐桌上的红树林生物”的“（二）青蟹”；莫竹承协助完成第五章中“四、广西红树林人工造林成效”的编写。广西合浦县博物馆的陆露女士提供了古代广西围海造田的历史记载，使本书有了一点历史穿越。钦州学院甄文全博士对全书进行了文字和格式方面的初步校正。在此对他们的辛劳付出表示由衷的感谢。

本书组稿、调研、研讨、咨询和修改方面的工作得到广西特聘专家科研费、广西红树林保护与利用重点实验室主任基金的资助。第六章的相关内容为国家海洋公益性行业科研专项“基于地埋管网技术的受损红树林生态保育研究及示范（201505028）”和广西科技重大专项“北部湾珍稀生态系统与生物多样性保护研究与示范——虾塘红树林生态农牧场构建与示范（桂科AA17204074-2）”的最新研究成果。

范航清

2018年8月7日于广西北海

目　录

第一章 红树林

从太空中看，地球只有三大自然生态系统，即海洋生态系统、陆地生态系统和湿地生态系统。红树林是生长在热带、亚热带潮间带滩涂上的乔木和灌木森林的统称，是分布在三大生态系统边界上的特殊森林。涨潮时红树林被海水浸泡甚至被淹没成为“海底森林”；退潮时红树林挺立在松软的滩涂上，构成一道海岸绿色长城。红树林生态系统具有消浪护岸、维护海洋渔业资源和近海生物多样性、净化海水、固碳储碳、改善海岸景观、科学研究与教育等方面的生态服务价值，在全球16种主要生态系统中排名第四。

一、国内外红树林资源概况

随着经济社会的发展，不合理的开发利用使全球红树林遭受严重破坏。据联合国相关机构和国外学者的统计，1980～2000年，全球红树林至少丧失了20%～35%，年均减幅1%以上；2000年，全球红树林仅存约1500万公顷。2017年7月26日，联合国教科文组织总干事伊琳娜·博科娃女士在保护红树林生态系统国际日的致辞时称：沿海红树林是地球上面临最严重威胁的生态系统之一。按照目前的估计，迄今已经失去的红树林高达67%，若不加以保护，100年后几乎所有红树林都可能消失。

全球范围内组成红树林的真红树植物有73种。印度尼西亚、菲律宾、泰国、越南、马来西亚、柬埔寨等国家是全球红树林的分布中心，红树物种最丰富，红树林面积合计约为480万公顷。以红树林分布区域面积为依据，拥有红树林面积最大的前5个国家依次是印度尼西亚、巴西、澳大利亚、墨西哥、尼日利亚。1999～2003年，前两者拥有红树林面积分别占全球红树林总面积的21%和9%。

我国现有真红树植物27种（其中2种为引种），半红树植物12种，主要分布于海南、广东、广西、福建和浙江五省（区）（图1-1）。

图1-1 热带红树林景观

学术界普遍认为，2013年全国红树林有林面积为25311.9公顷；而第二次全国湿地资源调查（未包括港澳台和海南省三沙市）的数据为34472.1公顷。对此，业内存在很大的争议。导致这一巨大差异的主要原因是广东省的湿地资源调查数据比学术界数据高出7620.3公顷；其他省（区）的红树林有林面积差别不大。如果湿地资源调查数据属实，那我国是全世界红树林保护方面最了不起的国家——12年来全国新增红树林面积12447.1公顷，比2001年多出56.51%，年均增长率高达2.57%（表1-1）。

表1-1　我国红树林有林面积与省（区）分布

单位：公顷

年份	海南	广西	广东	福建	浙江	合计	资料来源
2001年	3930.3	8375.0	9084.0	615.1	20.6	22025.0	全国红树林资源调查，2002
2013年	4891.2	7328.0	12130.9	941.9	19.9	25311.9	学术论文
2013年	4736.1	8780.7	19751.2	1184.0	20.1	34472.1	第二次全国湿地资源调查，2009～2013

调查方法和标准对调查结果影响极大。在第二次全国湿地资源调查中，红树林的定义为有林地，且郁闭度大于20%。这么低的郁闭度有林地判定标准，可能会导致：①在河口海湾，一年生红树林的成活率往往高达90%，郁闭度也可达到20%，可这时的幼林极不稳定，两三年后往往大量死亡，甚至不见踪迹。这就是学术界建议红树林人工造林最终验收要在造林3年以后，前期的一两年只能是阶段性验收的缘故。②在野外现场查证时，要准确判断20%郁闭度的林子边界在技术上实属不易，常常会导致不少林斑之间的裸滩被笼统地划归为林子。正是基于以上原因，笔者倾向于将第二次全国湿地资源调查数据作为红树林湿地面积，而不是严格意义上的有林面积。令人匪夷所思的是，除广东省外，其他4个省（区）的数据倒像是有林面积。总之，在对待我国红树林有林面积问题上谨慎保守点比较好。

我国历史上有红树林约25万公顷，20世纪50年代有红树林约5万公顷。与历史相比，目前我国红树林有林面积大幅减少。我国现有各种级别的红树林自然保护区22个，其中国家级自然保护区6个、国际重要湿地5个、人与生物圈世界保护区1个，红树林保护面积约占中国红树林总面积的77%。近15年来，我国红树林面积虽有所增加，但红树林质量与红树林生态系统健康状况却面临严峻挑战。

我国位于全球红树林分布的北缘，受自然地理条件的限制，红树林面积只占全球红树林总面积的0.17%。随着“海上丝绸之路”建设的推进，在彰显我国应对全球气候变化和生态保护“负责任大国”形象、展示新发展理念、引领生态经济发展等方面，红树林有着不可替代的作用，尤其是广西作为我国面向东盟国家的前沿，更应该保护和治理好红树林。

二、红树林的“宅基地”

强拆饱受社会诟病，而这一幕也发生在海洋里。过去30年，我国沿海地区普遍认为砍伐红树林腾出地方来修建港口码头、滨海新城、工业区等是头等大事，砍伐少量红树林没有必要小题大做，因为大家认为还有那么多的滩涂，人工异地种植就可以补偿了。殊不知，他们指定的滩涂绝大部分由于地势太低而无法生长红树林，如果要在这种不适合的滩涂上造林就必须辅以工程手段，不仅造林成本高昂，林子稳定性也差。例如，在风高浪急、水深的滩涂上种植红树林，红树植物幼苗会受到藤壶、牡蛎等海洋固着动物的攻击，枝干和叶片上会密密麻麻布满贝壳，植株幼苗不是被绞杀就是被压断，很难生长（图1-2、图1-3）。这样的滩涂叫“困难滩涂”。

任何一个物种都有自己的特性，在自然界中有明确的分工，占据不同的生存空间，完成不同的任务，即物种的“生态位”。红树林生长除要求温暖的气候、周期性潮汐淹没、滩涂高于平均海平面外，对海岸地形地貌类型也很挑剔。红树林喜欢生长在风平浪静、有淡水补充的海区，如河口、海湾、海汊等。由于广西北部湾沿海大多为开阔海岸，淡水补充少、盐度高、潮差大、风浪急，这里的红树林虽然比较矮小，但能在这样的环境中繁衍生息就已经很不容易了。我们应该崇拜它的顽

图1-2 人工营造红树林失败的"困难滩涂"

图1-3 深水区被藤壶绞杀的红树林

强，而不应该随意伤害它，何况它还带给我们美味佳肴，保护着我们的安全。

如今适合红树林生长的宜林滩涂绝大部分已消失，变成了今天的海堤和海堤陆侧的虾塘、港口码头、耕地及高楼大厦。在逐渐富裕起来的今天，如果我们还毫无节制地占用这样的滩涂，侵占红树林最后的“宅基地”，后果可想而知。

三、高超的生存本领

（一）胎生漂泊史

在某一海湾，生长在岸边的红树植物身上结满了果实，果实妈妈里头的种子似乎急于想看到外面精彩的世界，还等不到果实脱离母树，种胚就在妈妈的体内萌发了，一端形成子叶，一端成为胚轴。子叶连着妈妈，胚轴则不断生长，连续突破了种皮和果皮，形成一根根挂在树上的显胎生小苗。秋茄、木榄、红海榄等便属于显胎生红树植物（图1-4至图1-6）。如果胚轴只突破种皮而不突破果皮，那么这样的胎生苗就称为隐胎生苗，如白骨壤、桐花树等。这些胎生小苗继续生长，直到有一天它们认为自己足够强壮，可以离开妈妈独自到大海里一展身手了，就会勇敢地脱离母树，落到树下的滩涂上，或就地生长，或随波另觅生境，子叶端生长枝叶，胚轴端生长根系。

一株母树孕育出来的成百上千株胎生苗兄弟走向大海的结局却大相径庭。它们中的绝大部分被潮水带走，葬身大海，能漂到海滩上的寥寥无几，最终繁衍出一片林子、传唱着生生不息的生命之歌的强者更是少之又少；少部分胎生苗幸运地直接插入树下的土壤中生根发芽；还有相当一部分胎生苗因为跟土壤接触不良，或者受到蟹类等海洋生物的

图1-4 秋茄胎生苗

图1-5 红海榄胎生苗

啃咬而最终死亡。总的来看，1万株胎生苗中，能长大并传宗接代的也就5株左右，其余的要么夭折，要么早衰。洋流和潮流是红树林散布其家族的载体，流水与混合让自然界“全球一体化”，并在一定程度上诠释了全世界红树植物种类不多（只有73种），且遗存多样性非常低的缘故。

红树林生长的环境不缺水，为什么有的胎生苗生根，有的不生根呢？研究发现，控制它们能否生根的“开关”是光。当胎生苗根端的光照强度大于一定值时胎生苗不生根，黑暗则促进其生根，这一特性叫作“光休眠”现象。“光休眠”对红树植物胎生苗而言是生死攸关的生存手段。在大海中漂流的胎生苗不生根或少生根，这样胎生苗可以保存营养和能量，漂得更远，提高生存概率。一旦胎生苗被推到岸边，根端与土壤接触而遮光，就等于告诉胎生苗宝宝：你已经安全到达目的地，可以开始生根萌芽了。如果胎生苗在漂流中萌根生长，它们在水中不能进行有效的光合作用，得不到养分补充，只能耗费体内原有的物质和能量，最后就会“饿死”。

但并不是所有的红树植物都以胎生方式繁殖后代，事实上，多数红树植物不具备胎生现象。在国内的27种真红树植物中，超过一半的种类不以胎生方式繁殖后

图1-6 用于造林的秋茄胎生苗

代。然而，红树植物繁殖体均有各式各样的适应漂浮的机制，它们的密度低于海水，能够随海水漂流。

（二）奇形怪状的地上根系

红树植物生长在松软的淤泥质滩涂上，常年经受风吹浪打，需要有强大的根系支撑，而缺氧的土壤不利于根系的生长。红树植物通过形成多种多样的气生根以适应潮间带环境。形态多样的气生根是红树植物最明显的形态特征，也最容易引起参观者的注意。红树植物气生根有支柱根、膝状根、表面根、板状根、呼吸根（笋状呼吸根和指状呼吸根）等类型。气生根较好地解决了红树植物机械支撑和呼吸这一对矛盾。

1. 支柱根

支柱根主要生长在红树属植物上，如红海榄和红树。发达的支柱根是红树属植物主要识别特征之一（图1-7）。支柱根从主干或侧枝斜向下伸出，扎入土中，有时还会形成分枝，少则几十条，多则上百条。红树植物发达的支柱根有时使人很难判断哪个是主干。白骨壤、秋茄和老鼠簕等植物常有支柱根发育。

图1–7　红树林的支柱根

2. 膝状根

膝状根主要生长于木榄、海莲、尖瓣海莲等植物，角果木、榄李等也常有膝状根发育。水平生长的根系每隔一段便向上生长形成一露出土壤表面的弓环，露出部分次生生长，成为膝盖状的呼吸根。膝状根表面分布有较多皮孔。由于次生生长的不同，因此膝状根常呈蘑菇状、碗状、山峰状、塔状。膝状根是木榄、海莲、尖瓣海莲等植物根分枝的主要部位。

3. 表面根

红树植物的地下根系部分裸露出地表，暴露于空气中，以利于退潮时能更好地吸收氧气，这种根系即为表面根。木果楝和海漆的表面根有区别：木果楝表面根的形成是由于地下水平行走的根远地侧异常次生生长而突出土壤表面，因根弯曲如蛇形，所以也有人称之为“蛇形根”；海漆表面根的形成只是根正常加粗后突出土壤表面的结果。

4. 板状根

板状根是一种热带木本植物所特有的板状不定根，可看成是一种气生根。板状根是乔木的侧根向外异常次生生长所形成的，树干基部如同被木板固定而直立，通常辐射状生出，常为3~5条，并以最为负重的一侧发达，在土壤浅薄的地方板状根更易形成。红树植物秋茄、银叶树具有明显的板状根。日本、澳大利亚的银叶树板状根高度可达1.7米。板状根可大大增强植株的机械强度，以利于抵御急流和风浪。

5. 呼吸根

呼吸根是一种变态根。长期生长于沼泽地带或水边的植物，由于土壤中缺乏空气，造成根部呼吸困难，为适应这种环境，一部分根背地向上生长，露出地面，增强根呼吸。这类根有发达的通气组织，表皮又有皮孔，有利于运送空气和储存氧气。白骨壤和海桑具有典型的呼吸根。白骨壤的呼吸根高度一般为10~25厘米，像人的手指般粗细，因此也叫“指状呼吸根”。白骨壤的呼吸根有时均匀地密布于海滩上，每平方米可多达400条；有时随地下缆根呈一字形旗杆排列，伸离树茎10多米。白骨壤呼吸根的延展面积常常比树冠大几倍到几十倍。白骨壤的呼吸根折断后可以再生。当白骨壤的呼吸根被海水淹没时，根内海绵组织储存的氧气被利用而导致浓度下降；退潮后呼吸根暴露于空气中，又重新吸收氧气补充到呼吸根中，以便下次涨潮时使用。这些特点使白骨壤既可以顽强地抵御风浪的袭击、耐受缺氧环境，又可以在贫瘠的土壤中扩大吸收养分的地盘。白骨壤的这些本领，使它成为红树植物中抗逆境能力最强的种类。海桑的呼吸根生长期长，像竹笋一样可以长高长粗，因此也称为“笋状呼吸根”。海桑的呼吸根一般可长到1.0~1.5米高，最高可达3.0米。

（三）抗盐保水

在高盐环境中生长的红树植物，首先要保证有足够的水分供应，在尽量节约利用水分的同时又要将体内多余的盐分及时排出。红树植物的根系是非常有效的过滤系统，可将根系吸收水中的大部分盐分过滤掉。秋茄、木榄、海莲等的过滤效率可达99%，它们因过滤效率较高而被称为“拒盐植物”。白骨壤、桐花树、老鼠簕因其叶片表面具有盐腺，可以主动富集盐分并把多余的盐分排出去而被称为“泌盐植物”。红树植物还可以利用落叶的方式，把植株多余的盐分集中在老叶上，落叶时一并排除。红树植物的叶片有典型的旱生植物特点，叶片往往较小，革质或肉质化程度较高，被认为是避免盐分浓度过高的一种稀释机制。在这些途径中，根系拒盐是所有红树植物避免盐分过度累积的最重要的机制。

红树植物通过积累大量渗透调节物质的方式来实现叶片的低水势，从而增强从海水中吸收水分的能力。渗透调节物质有两类：一类是无机离子，主要是钠离子、氯离子、钾离子等；另一类是可溶性糖、脯氨酸、甜菜碱等有机小分子物质。红树植物主要通过积累无机离子进行渗透调节，如白骨壤叶片中无机离子对渗透调节的贡献率超过80%。在满足渗透调节的前提下，尽量减少盐分的吸收是所有红树植物的共同特征。

红树植物生长的环境并不缺水，但是水及沉积物含盐量很高，大大限制了红树植物对水分的吸收，热带、亚热带地区的高光强和高温环境又加剧了水分的流失。因此，几乎所有的红树植物在最大程度吸收水分的同时，都采取了节约用水的策略。红树植物吸收水分的能力主要通过保持叶片较高的渗透势来实现，而其节约用水策略在叶片的形态及结构中也得到了充分体现。与沙漠植物相类似，红树植物的叶片通常厚、革质或肉质、小型、有光泽、全缘、表皮组织有厚膜且角质化，气孔常藏于表皮下或叶背。红树植物还有其他一些保水机制，如除个别种类外，红树植物叶片肉质化程度均在0.025克／厘米^{2}以上；秋茄、白骨壤、红海榄的叶片则具有复表皮，防止不必要的水分散失；白骨壤的叶背密生绒毛，可减少水分蒸发；木榄能够调节叶片生长角度而使其与光线平行，减少有效叶片失水面积。

（四）海洋中的“木乃伊”

红树植物的根、茎、叶和果实均富含单宁，树皮中的单宁含量更是高达8%～30%，使红树植物树皮内部呈红色，红树林也因此而得名。单宁苦涩，具有收敛作用，是一种广谱抗菌剂。红树植物的单宁含量丰富，适口性差，避免或减少了海洋动物对植物体的直接啃食，同时抑制了有害微生物的活动，增强了红树植物的抗病力和抗海水腐蚀的能力，因此可以喻之为“海洋木乃伊”。树上未成熟的果实、胎生苗因单宁的存在而减少了昆虫危害，增加了繁殖机会。单宁在胎生苗的海上漂流中则显示出了更为重要的化学保护作用。单宁具有很强的络合性和螯合性，能够与进入植物体内的重金属离子和过量的海水盐离子结合，沉淀为对植物体无害的物质，起到解毒作用。单宁提高了红树植物在高温、水浸、生物危害严重的海岸沼泽中的自我保护能力，富含单宁是红树植物适应潮间带生境的重要特征之一。

四、红树林的作用

（一）生命守护神

2004年12月26日，印度洋地震引发的海啸袭击了印度尼西亚、泰国、孟加拉国、斯里兰卡、印度等国家，造成约30万人死亡。仅在印度尼西亚苏门答腊岛的亚齐，海啸横扫了15%的地区（约38平方公里），17万生灵永远消失于漫漫大海中，城区满目疮痍。灾难过后，呈现在世人面前的是有高大茂密红树林的地区其死亡人数和财产损失情况明显较低。亚齐海岸原先生长有红树林，但这些红树林几乎全部被围垦成虾塘。没有了缓冲林带，巨浪肆无忌惮，是亚齐损失惨重的重要原因之一。海啸后一株木麻黄（高约20米）生存了下来，据当地居民称，该树救了12条人命。2005年12月25日，英国广播公司（BBC）报道，世界保护联盟（IUCN）对比了斯里兰卡被海啸巨浪袭击的两个村庄的死亡人数，发现有茂密红树林和灌木庇护的村庄死亡2人，而没有类似植被的村庄死亡6000人。血的教训促使IUCN在东南亚启动了“红树林未来”国际项目，利用欧洲的赠款帮助东南亚国家种植红树林。

比起平均4年一次受大小海啸影响的印度尼西亚，我国是远离海啸的幸运国家。然而，赤道附近国家没有的台风却永远不会忘记“光临”我国的东南沿海。台风移近海岸时可增高海潮，引发巨浪，冲垮沿岸海堤、淹没农田、掀翻渔船、摧毁村庄和生产设施，造成人员伤亡和经济上的巨大损失。每年的夏秋季是我国东南沿海台风的多发季节，也是海岸红树林减灾作用最显著的季节。红树林对海岸的保护和减灾作用的实例在我国俯拾即是。海南省陵水县的黎安港堤围外原生长着3000米长、宽数十米的红树林带，使堤围和堤围内的农田及村庄平平安安。自从砍伐红树林，使红树林滩涂沦为裸滩后，堤围常常被海浪冲出缺口（图1-8），海水淹没农田，农业生产十年九不收。海南省文昌市冯家港段因红树林被毁，海岸侵蚀加剧，海岸线后退速度曾经高达每年15米。

红树林枝干繁茂，根系发达且盘根错节，在正常的涨退潮过程中，林内海水的漫流和排泄流速仅为无红树林裸滩的25%～33%；在狂风巨浪中，红树林可有效地减轻波浪对堤身的淘刷和对海岸的侵蚀。红树林消浪护岸的作用与林子结构有密切关系。研究表明，作为防浪护岸林一般要求红树林覆盖率大于40%，林子宽度达到100～150米，林子高度达到2.5米（小潮差区）和4.5米以上（大潮差区），这样才能产生较好的消浪护岸效果。遗憾的是，我国东南沿海至少85%的海岸没有红树林庇护，北部湾沿海不少地方的红树林高度小于2.5米。

图1-8 缺少红树林庇护而受损的海堤

（二）蓝色碳汇硬通货

碳排放导致的温室效应、气候异常和海平面上升正在影响着每一个地球人，成为一个国际环境政治问题。与陆地森林相比，红树林的面积实在是太小了，能跟气候扯上边儿吗？

我们知道，植物吸收大气中二氧化碳制造碳水化合物的过程叫作光合固碳。如果植物固定下来的碳经过一系列复杂过程后又很快回到大气中，就不能对降低大气中二氧化碳浓度做出贡献。例如，水稻的光合固碳能力很强，可储备碳的能力不强，因为我们消费大米后通过呼吸、排泄又将大部分碳排放回到大气中了；稻草和根系留在田里腐烂做肥，其中的碳最后也大部分排放回到大气中了。只有那些被植物固定后存储在植物体或土壤中、三五十年内不再回到大气中的碳才是有效固碳，即碳汇或碳储量。因此，有效的固碳不仅取决于植物的光合固碳效率，也取决于植物的储碳能力。

以中国科学院院士方精云为首的研究团队于2018年4月18日在《美国科学院院刊》上发表了“生态系统固碳”重大研究成果：2001～2010年，中国陆地生态系统年均固碳2.01亿吨，相当于抵消了同期中国石化燃料碳排放量的14.1%。其中，森林生态系统贡献了约80%的固碳量，农田生态系统和灌丛生态系统分别贡献了12%和8%的固碳量，草地生态系统的碳收支基本处于平衡状态。可见，陆地生态系统具有强大的固碳作用，可依然不足以平衡人类活动所释放的碳总量，于是人们将目标投向了海洋。相对于陆地的“绿碳”，海洋中的碳统称为“蓝碳”。尽管海洋中生长的全部植物的重量只有陆地所有植物重量的0.05%，但得益于浩瀚的洋面和巨大的水体，海洋每年的固碳量不仅和陆地植物相当，而且还储存了地球上93%的二氧化碳，每年清除掉30%的二氧化碳排放量。

研究发现，海洋中的浮游植物、红树林、盐沼草、海草床等是“蓝碳”的主力军。有报道指出，热带原生红树林储碳能力是同面积的亚马孙热带雨林的6倍。可见红树林在碳问题上“吃多吐少”，是地球上捕获二氧化碳和储碳的明星。我国科学家的研究表明，从福建到海南东海岸的红树林每年净固碳量达7.2吨/公顷。这些碳除自身呼吸消耗、落叶落果输送到海洋外，其他的被长期保留在活树木和土壤中，活树木的碳在50吨/公顷以上，土壤中的碳超过108吨/公顷，合计超过158吨/公顷。红树林土壤之所以成为储碳的主要场所，是因为红树林根系发达，其地下部分的重量占整个植物总重量的60%左右，新陈代谢死亡的根系直接累积为土壤碳储，并被海岸沉积的淤泥不断填埋到深处（图1-9）。此外，红树林根系纵横交错，有利于海水悬浮物的沉积，河口等外部输入的碳会在林区内沉积、堆埋，最终形成泥泞的滩涂。

欧洲的威尼斯风光迷人，可在1560多年以前那里还是一片泥泞的沼泽。当时逃难的人们将大量的原木打进淤泥中构筑地基，硬是在一片荒芜的沼泽上逐步建起了今日的“海上漂浮宫殿”，且千年不倒。其中的奥秘就是湿地土壤缺氧，微生物活动受到抑制，木材不易腐烂，土壤中的碳被长期堆埋封存。总之，湿地是地球上最重要的储存碳的地方，红树林则是滨海湿地固碳的森林高手，是捕获二氧化碳的神奇机器，是碳的“终结者”与“黑洞”。

图1-9 蕴藏碳汇的红树林滩涂

“蓝碳”的存在形式很多，但至今已被国际公认、无争议、技术上能计量、经济上可交易的却很少，目前只有红树林成为“蓝碳国际硬通货”。为履行国际气候变化协定承诺，国家海洋局于2015年提出了“推动实施蓝碳行动”。2016年5月成立了蓝碳工作组，做出了实施“蓝色港湾”“南红北柳”重点工程的决定。2017年5月《全国沿海防护林体系建设工程规划（2016—2025年）》提出，将在全国新造红树林48650公顷，其中广西16500公顷，这个任务分别是全国现有红树林面积的1.92倍，广西现有红树林面积的2.28倍。

2016年4月22日，全球100多个国家在纽约共同签署了《巴黎气候变化协定》，并于2016年11月4日正式生效。能否履行并主导《巴黎气候变化协定》，是衡量一个国家能否成为世界负责任大国的表征之一。2017年6月1日，美国宣布退出这个协定，而我国不仅是协议缔约国，还是积极行动者和推动者，这必然会在环境问题上增加我国的国际话语权，提升负责任大国形象，助推大国崛起。我国陆地生态系统只能吸收14.1%的我国石化燃料碳排放量，为了弥补固碳缺口，海洋“蓝碳”成为国家战略资源，而红树林是目前国际上公认的唯一“蓝碳”资源。2017年4月19日，习近平总书记在北海金海湾红树林生态保护区考察时明确指出“一定要尊重科学、落实责任，把红树林保护好”。在碳汇问题上，我国提出了“参与、贡献、引领”的战略方针。

综上所述，在全球气候变化和环境治理的背景下，作为“固碳神器”的红树林不再是以往我们印象中单纯的树林，在一定程度上它寄托着人类对地球家园前途的深深忧虑与期望。

（三）近海生物多样性的摇篮

红树林湿地是连接陆地与海洋的重要枢纽，具有独特的地貌特征，内部构造复杂多样，集海洋与陆地的普遍性与特殊性于一体，具有强大的包容性，为数以千计的海洋生物提供了生存、觅食、繁衍的环境。红树林地上部凋落的花、果、树叶、枝条及地下部死亡的细根经微生物的分解，为底栖动物提供了丰富的有机碎屑型食物；红树林的呼吸根、支柱根、树干及松软的滩涂为底栖动物提供了多样的栖息地和安全的庇护地，从而使林区成为多姿多彩、生机勃勃的动物世界。

据2007年统计数据，我国红树林湿地共记录有2895种生物。其中，真菌136种，放线菌13种，细菌7种；小型藻类441种，大型藻类55种；维管束植物37种；浮游动物109种，底栖动物873种，游泳动物258种；昆虫434种，蜘蛛31种；两栖类13种，爬行类39种；鸟类421种；兽类28种。这些生物中，有8种国家一级保护动物，75种国家二级保护动物。我国红树林湿地单位面积的物种丰度是海洋平均水平的1766倍。如果加上近10年的新记录种，尤其是微生物、微藻和昆虫方面的新发现，则我国红树林的生物种数肯定超过3000种。红树林湿地是我国濒危海洋生物生存和发展的重要场所，是近海许多动物的“托儿所”和“幼儿园”，在跨国鸟类保护中也有重要作用。红树林生态系统中的许多物种是传统的经济种类，如青蟹、中华乌塘鳢、大弹涂鱼、泥丁（可口革囊星虫）、沙虫（光裸方格星虫）、牡蛎、中华鲎和各种贝类等（图1-10、图1-11）。在亚洲一些国家，红树林生态系统高度发达，除海洋动物外，林内还生活着梅花鹿、长鼻猴、猕猴甚至老虎（图1-12、图1-13）。

图1-10 红树林生态系统的生物多样性

图1-11 广西红树林海区的贝类养殖

图1-12　生活在孟加拉国红树林区的梅花鹿

图1-13　生活在孟加拉国红树林区的猕猴

红树林以很小的森林面积支撑起数千种生物的“大厦”，这在地球上十分罕见。谁敢确定某些物种将来不会给人类创造出巨大的经济效益？在食品安全风声鹤唳的今天，天然海鲜已成为奢侈生活的象征。今天社会上有一种说法：“40年前猪吃的东西如今成为富豪们追逐的目标。”如果连猪吃的东西都没有了，再有钱，活着还带什么劲？保护生物多样性的意义可见一斑。人永远是自然界中渺小的尘埃，自然界互利互惠的法则如今已成为我国转型发展的“生态文明”国策，这是一个民族在经济高速发展付出巨大环境代价后的大彻大悟与理性回归，必将写入民族复兴的伟大史册。

（四）海岸水质净化带

众所周知，海洋的污染物主要源于陆地。随着经济社会的快速发展，人类生产生活产生的大量污染物通过河流、排污口和雨水冲刷等方式进入近岸海域（图1-14），使海水污染加重、水质恶化。红树林因

图1-14 红树林区的海漂垃圾

其独特的生长地理位置，在海水污染带来的危害中首当其冲。但由于红树林湿地具有独特而复杂的净化机制，使其出淤泥而不染，能够持续净化水质、庇护生物，令湿地鱼游虾戏、鹭鸟齐飞，一派生机盎然。而这一特殊的净化机制，主要是通过土壤—植物—微生物复合生态系统的物理、化学和生物的共同作用实现的（图1–15）。

图1–15 红树林净化水质的过程

1. 微生物的净化作用

红树林湿地里还有另外一群“看不见”的净水物质，那就是细菌、放线菌和真菌等微生物。这些微生物种类丰富，据不完全统计，我国红树林湿地有真菌136种、放线菌13种、细菌7种。丰富的微生物是污染物降解的重要基础，不同污染物在红树林湿地都能找到相应的克星。在硝化细菌和反硝化细菌的共同作用下，红树林湿地的大部分氮或转变为植物易吸收的氨氮，或变成氮气逸出湿地。海水中的大分子含磷有机化合物能被一些红树林湿地微生物降解为可供植物吸收、土壤吸附的无机化合物（如磷酸盐）。有些红树林湿地微生物能将海水中的重金属元素吸附并固定至土壤中。还有些红树林湿地微生物能有效降解石油类大分子有机化合物，尤其降解柴油的能力较强。研究显示，在柴油污染红树林湿地1个月后，柴油可被微生物降解70%以上。还有些红树林湿地微生物能有效降解农药，对农药甲胺磷等的降解率是同潮带光滩微生物的2~3倍。红树林湿地微生物的作用远不止这些，对那些难降解的持久性有机污染物，甚至抗生素，都能有效降解。从红树林土壤中分离出的降解菌能以芴、菲和苯并[a]芘等持久性有机污染物作为生长的碳源，降解效率分别为100%（28天后）、100%（28天后）和32.8%（63天后）。此外，对虾养殖常使用诺氟沙星、恶喹酸、甲氧苄啶和磺胺甲恶唑等抗生素防治病害，这些抗生素随养殖废水流入红树林后，导致红树林湿地产生耐药性强的细菌，加快了对上述抗生素的降解，降解速率比抗生素废水流入之前分别提高了50.5%、55.5%、41.3%和40.0%。

微塑料是指直径小于5毫米的塑料颗粒，主要源于直接排放的小塑料颗粒以及大块塑料垃圾降解产生的碎屑。自20世纪40年代塑料大规模生产以来，全球生产和使用塑料的数量急剧上升，生产生活中未被有效处置的塑料垃圾以碎片或颗粒等形式进入海洋，导致海洋产生微塑料污染。微塑料污染不仅会影响海洋动物的生长发育，降低它们的繁殖能力，还会通过食物链的传递富集作用，进而威胁人类的健康。据估算，全球海洋塑料碎片超过5万亿个，总重量超过25万吨。这些塑料碎片需要数十年甚至上百年才能降解！而红树林湿地微生物在降解海洋塑料上同样发挥着重要作用。当海洋微塑料随海水涌入红树林湿地后，被红树植物发达的根系过滤、沉降固定于土壤内，并在微生物的作用下逐渐降解。有研究表明，聚羟基脂肪酸酯（PHA）和聚羟基丁酸酯（PHB）两种塑料埋在红树林土壤112天后，4.5%的PHA被降解，PHB则被完全降解；而塑料单体对苯二甲酸二甲酯和增塑剂邻苯二甲酸二丁酯在红树林微生物的作用下均可被快速分解。

2. 土壤的净化作用

红树林林下堆积的厚厚淤泥是鱼、虾、蟹、贝等海洋生物的理想栖息地。那么，这层厚厚的淤泥是如何形成的呢？科学研究证实它主要有两种形成机制：一种是红树植物凋落的枯枝败叶、花、果及海洋生物死亡后堆积而成；另一种是涨潮或海浪冲击时，海水将泥沙等颗粒物带入红树林中，在红树林阻滞作用下逐渐沉降淤积而成。红树林枝繁叶茂、根系发达，就像一张张密密的网，即便潮水退去也难以将沉积下来的淤泥带走。如此日积月累，便形成了大量淤泥淤积的独特地质地貌。

可别小瞧了这些看起来脏兮兮、黏糊糊的淤泥，它们的作用大着呢，在净化海水的过程中相当于家用净水器中的活性炭！这些淤泥酸度高，黏粒、有机质含量丰富，并呈还原状等特征，决定了土壤是红树林湿地净化水质的功能主体。红树林土壤主要通过络合和共沉淀两种作用吸附、净化海水中的重金属。其中，络合作用是黏粒、有机质含量丰富的颗粒物与重金属离子发生交换、表面吸附、螯合、胶溶和絮凝等物理、化学反应，形成不溶于水的大分子物质；共沉淀作用是非金属离子（如硫离子）与重金属离子形成难溶于水的沉淀物。有研究表明，红树林土壤净化水体重金属（镉、铅、锌、铜和镍等元素）的效率在90%以上。到目前为止，富营养化、赤潮多发已是我国近岸海域普遍存在的现象，而海水中氮、磷等营养元素含量升高正是导致这一现象的主要诱因。红树林土壤富含有机质和黏粒，通过胶结凝聚作用能将海水中的大部分氮、磷等营养元素固定下来，储存在土壤表层的0～5厘米范围内，可有效降低海水中氮、磷等营养元素的含量，从而实现对富营养化水体的净化。

3. 植物的净化作用

红树植物发达的根系像一块巨大的海绵，能源源不断地吸收富集在土壤和水体中的重金属，再通过呼吸作用和蒸腾作用运送到红树植物的各个组织器官，但重金属主要储存在树根、质地坚硬的树干和多年生的枝丫等不活跃的细胞组织中。一般来说，红树植物的叶和花的重金属含量最低，其次是茎，根部重金属含量最高，根、茎这些部位累积的重金属总量占其在群落植物中总量的80%～85%。恰巧这些重金属含量较高的部位都是动物不容易直接啃食或利用的，从而避免了重金属通过食物链传递给海洋生物，危害人类健康。据估算，我国红树林每年平均净累积铜、铅、锌、镉、铬、锰、镍和汞等重金属的量分别为1278.3公斤／公顷、1191.7公斤／公顷、6919.2公斤／公顷、35.8公斤／公顷、100.8公斤／公顷、199.2公斤／公顷、283.3克／公顷和372.5克／公顷。氮、磷是植物生长的必需元素，红树植物通过吸收海水中的氮、磷，在促进自身生长发育的同时，也可以起到净化水质、降低海水富营养化风险的作用。与重金属元素不同，红树植物吸收氮、磷后主要累积在地上部分，尤其是叶片。研究发现，红树林年净吸收氮、磷的量分别为150～250公斤／公顷和10～20公斤／公顷。

海水中还存在着大量的有机污染物，如有机磷农药、有机氯农药和多环芳烃等持久性有机污染物（POPs），这些有毒有害的物质同样可以被红树植物吸收利用。红树植物吸收有机污染物的途径主要有两种：土壤—红树植物模式和海水—红树植物模式。土壤—红树植物模式是红树植物通过根系吸收土壤中的有机污染物，其中不易溶于水的有机污染物固定在根部的脂类物质中，而易溶于水的有机污染物则通过凯氏带穿过木质部迁移至红树植物的各组织中。海水—红树植物模式是海水中的有机污染物通过叶片的表皮、蜡质层和气孔吸收进入植物体。海水中的有机污染物在涨潮时与红树植物的叶片接触，部分有机污染物被蜡质层吸附，部分缓慢迁移至叶片内部。红树植物吸收了这些有毒有害的有机污染物后，可通过自身代谢活动将部分有机污染物分解为低毒或无毒的化合物，这称得上是绿色可持续的有机污染物分解净化机制。

4. 物极必反

红树林湿地的土壤、植物和微生物在水体净化过程中分别扮演着不同的角色，是一个有机结合体，只有三者共同作用，涌入湿地的海水水质才能得以净化。但红树林湿地净化海水水质的容量有限，过量的污染物排入红树林湿地会破坏湿地的生态平衡，导致湿地的功能退化、植被枯亡。研究显示，水体中固体颗粒物的过量沉积会影响红树植物的光合作用，降低红树林的生长率，增加植株死亡风险；水体中的重金属浓度过高，与红树植物的接触时间过长，都会影响红树植物的生长发育，甚至致死；高浓度的氮、磷等营养物质会使红树植物出现“烧苗”现象；过量的石油污染会堵塞红树植物的根系皮孔和叶片气孔，影响其呼吸作用、光合作用和水分的代谢，造成红树植物损伤坏死；高含量的有机污染物不仅可能产生毒害作用，抑制红树植物的生长，还会因降解而消耗大量氧气，在林下形成缺氧环境，产生甲烷、硫化氢、氨等有毒有害物质，影响红树植物的呼吸根和幼苗的正常发育，甚至窒息死亡。

总而言之，虽然红树林生态系统具有很强的降解净化功能，但必须在合理的容量范围内。因此，只有保护环境、降低陆源污染物的入海量和合理开发利用红树林湿地，才能持续发挥其生态价值。

（五）海洋药物宝库

现代化学研究发现，红树植物中含有大量与治疗人类重大疾病（如艾滋病、恶性肿瘤、心血管病）有关的化合物，如萜类、甾体、生物碱、多糖等。

木榄含有一种结构新奇的多聚二硫环类化合物，可以治疗Ⅱ型糖尿病，且该化合物可以化学合成。木榄胚轴含有一些苯丙素类化合物，其中莨菪亭、开环异落叶松脂素及Lyoniresionl-3α-0-β-D-glucopyranosides 能抑制肿瘤细胞的生长。

海漆又名倒念子、都念子。《本草纲目》记载："可补人之血，与漆同功，功逾青黏，故名。以其为用甚众，食治皆需，故又名都念。"海漆能止咳、通便、消肿、解毒；主治肺热咳嗽、便秘、皮肤溃疡、手足肿痛病。树汁及木材有泻下的功效，用于通便；叶用于治疗癫痫、皮肤溃疡、麻风；种子有止泻的功效。《苏沈良方》记载："夏秋痢下，食其叶辄已；治小便白浊，肠腑滑泄，海漆嫩叶，酒蒸焙燥为末，酒糊丸或晒煮为膏服。"海漆含有二萜、三萜、甾体等成分。其中，二萜显示显著的抗非洲淋巴瘤活性；蒲公英赛酮及邻苯二甲酸二乙基己酮能抑制人体白血病细胞。海漆的叶及茎分离得到的二萜化合物为抗艾滋病的主要成分。海漆的95%乙醇浸取液及水浸液对植物真菌的增殖有不同程度的抑制作用。

桐花树在广西民间用于治疗哮喘、糖尿病及风湿病等。其茎皮及叶提取物均有不同程度的清除过氧化氢作用，表明其具有抗氧化活性；其茎皮的乙醇提取物有抗炎活性。桐花树含有镰叶芹二醇，可以治疗Ⅱ型糖尿病。

秋茄在广西沿海地区作为民间药物使用，其皮具有收敛、止血及抗菌作用；其根的乙醇提取液可以治疗风湿性关节炎；其果实的乙醇浸取液及水浸液对某些植物病原真菌有抑制作用。秋茄含有白桦脂酸及齐墩果酸，对人鼻咽癌细胞具有细胞毒活性。

老鼠簕是红树林重要的药用植物之一。瘰疬又称老鼠疮，老鼠簕能散结消肿，可用以治疗瘰疬。海南民间将其根捣碎水煮，加上蜂蜜口服，是治疗乙型肝炎的特效药。在泰国传统医药中，老鼠簕被用作泻药，还被用于消炎、退热，治疗风湿性关节炎、皮肤病、天花、脓肿、溃疡，同时还被用于解毒，作为健康促进剂。其叶片被用于治疗风湿病、蛇咬伤、麻痹及哮喘，也有人将其叶片与胡椒配伍作补品。老鼠簕有清热解毒、散瘀消肿、止痛、化痰利湿、止咳平喘的功效；主治痄腮、瘰疬、肝脾肿大、急慢性肝炎、胃痛、腰肌劳损、痰热咳喘、黄疸、白浊。老鼠簕叶中的黄酮类及萜类化合物，具有保肝及抗氧化作用；其叶提取物能抗肿瘤；叶中分离提取的2-苯并噁唑啉酮有抗利什曼原虫的作用，还有镇痛、降温、抗惊厥、催眠等作用，并具有抗真菌活性，其核糖衍生物有抗肿瘤及抗病毒活性。老鼠簕根部提取物有抗弗氏白血病病毒的作用。豆甾醇有降血脂作用，而对心脏及肝脏无明显影响。在东南亚一些国家，人们将老鼠簕制作成袋装茶出售。

榄李含有2-methyl-1,3-dihydroxy-5-tridecybenzene及1,3-dihydroxy-5-undecyl-benzene，能治疗Ⅱ型糖尿病。榄李的水、75%乙醇及正丁醇提取物均有一定的抗氧化作用。

白骨壤果实含有Jacaranone类化合物marinoidsF-Ⅰ、苯乙醇苷类化合物及肉桂酰糖苷类化合物，具有较好的抗氧化活性。白骨壤叶片含有黄酮，具有较好的抗氧化活性，其抗氧化能力强于相同浓度的维生素C及柠檬酸，表明白骨壤叶片中的黄酮是一种极具潜力的天然抗氧化剂。

无瓣海桑的果实、叶及花均可作为内科用药。无瓣海桑的果实含有异鼠李素、木栓酮及熊果酸，具有良好的抗氧化活性，在我国民间曾用于治疗扭伤。

水黄皮在广西民间应用广泛，其种子油可治疗疥癞、脓疮及风湿症；其叶片可治疗痔疮、肿瘤，还可用于伤口消炎；其根含有黄酮类化合物，可通过抑制胃泌素分泌、促进表皮细胞生长因子及胃黏液分泌来治疗胃溃疡。

杨叶肖槿含有倍半萜类化合物，对乳腺癌、宫颈癌、结肠癌、口腔表皮癌的癌细胞有明显抑制作用，并对枯草芽孢杆菌、金黄色葡萄球菌及粪肠球菌表现出抗菌效果。

海杧果果实的甾体皂苷，对口腔表皮样癌、乳腺癌、小细胞肺癌、肝癌、卵巢癌、胰腺胆管癌的癌细胞有细胞毒活性。

此外，一些红树林伴生植物也有药用价值，如苦槛蓝、鱼藤及球兰。苦槛蓝为传统药物，其根可治疗肺病及湿病，茎叶煎服可为解毒剂，有解诸毒之效；茎叶提取物对一些农作物病原真菌有明显的抑菌活性。鱼藤为民间常用药，用于散瘀止痛及杀虫止痒，主治跌打止痛、关节疼痛、疥癣及湿疹；其根含有羟基鱼藤素及鱼藤酮，对回盲肠癌、肝癌、卵巢癌的癌细胞具有较强的抑制作用。鱼藤酮杀虫谱广，可防治800多种害虫，因此鱼藤是三大传统杀虫植物之一。球兰是常见中草药，有清热化痰、消肿止痛、通经下乳的功效，主治流行性乙型脑炎、风湿性关节炎、睾丸炎、中耳炎等疾病；其茎中的有效化学成分包括孕甾烷；其中的有效化学成分为固醇类及黄酮类，还含有黄烷醇、甾醇、三萜、倍半萜等化学物质。

我国乡土红树植物生长速度慢，应该采取保护性开发的总体思路，重点开展红树植物药用资源的现代理论验证及产品开发，尤其是对红树植物果实在保健食品及药用产品方面的深入研发。上述红树植物的药用研究仅停留在提取物水平，还需要鉴定具有药用价值的具体化学成分。

（六）直接利用方式

在今天看来，全球范围内红树林的传统利用方式基本上属于破坏性的直接利用。为了便于读者从历史角度去感受人类在红树林保护理念上的进步，特介绍红树林的直接利用历史，包括用作木材、薪柴、木炭、饲料、食材、染料和绿肥。

1. 木材

红树林在东南亚地区一直是重要的用材林，其木材被广泛地用作栏杆、建材、码头桩材、木地板、网具框架、纸浆木片和铁路枕木等，或用于造船，制作家具、工艺品等。例如，马来西亚的马登红树林区，人工种植的红树林30年后可进入砍伐期，这时树干的平均直径达14.7厘米，树高20多米，每公顷红树林可生产木材171吨。人工林生长15 ~ 19年和20 ~ 24年要分别进行两次间伐，间伐所得的枝条直径为7.5 ~ 10.0厘米，主要用于建房子打地基和建筑业的脚手架。历史上，我国华南地区沿海群众也利用红树林木材修建房屋、制作家具和生产工具，迄今在一些滨海小村庄还留有遗迹。我国处于红树林全球分布生长的北缘地区，林子生长缓慢，大面积高大的红树林本来就有限，再加上近几十年来的围填海和破坏，高大而树干通直的林木已是凤毛麟角，因此红树林在木材方面的用途在我国失去了现实意义，尤其是20世纪90年代后，国家将红树林列为保护对象之后就更加不可能了。

2. 薪柴

在经济相对落后的发展中国家，沿海地区能源紧缺，红树林是沿海居民重要的薪材林。印度和巴基斯坦交界的印度三角洲生长着16万公顷的白骨壤红树林，仅三角洲北部沿海的10万居民每年就烧掉1.8万吨的红树林薪柴。20世纪70年代以前，红树林薪柴也曾经是广西沿海城镇居民的主要薪柴，沿海60岁以上的人对这样的情景记忆犹新：一捆捆扎好的红树林薪柴成船运到码头交易，几乎家家户户都烧过红树林薪柴。70年代以后，因红树林的锐减和其他能源替代品的丰富，城镇消耗的红树林薪柴逐年减少。在广西沿海农村，以红树林为主要薪柴的时间则持续到1985年前后，每户农家一年要烧掉3～4吨的红树林干柴。90年代以前的越南也是如此，群众将砍伐的红树林薪柴用木排沿林中潮沟外运。1996年，在中越边境东兴市的沙寮村，笔者看到家家户户的屋檐下都堆放着2～4立方米的桐花树薪柴。其实，未经雨水淋洗过的红树林干柴不好生火，因为其所含的单宁在生火时会造成黑烟浓重、火苗不旺。因此，我国沿海居民将砍伐的红树林薪柴露天堆放，任由雨打日晒，让雨水淋洗完薪柴中的单宁后才烧。还有一种方法是用水泡红树林薪柴。广西沿海的红树林枝干上常常附生着大量的藤壶和牡蛎，这些藤壶和牡蛎是人工养殖青蟹的上好饲料；而养殖塘中适量的单宁可改善水质条件，抑制鱼病的发生。于是青蟹养殖户将砍伐的红树林茎枝投入蟹池，让青蟹啃食茎枝上的附着生物，同时浸泡出茎枝中的单宁，这样处理后再晒干的红树林茎枝才好用作薪柴。随着沿海地区生活水平的提高，这种低值利用红树林的方式如今已极为少见。

3. 木炭

红树林木材的另外一个重要利用方式是烧制木炭。斐济、泰国、马来西亚、印度尼西亚、菲律宾、委内瑞拉等国家长期以来都有烧制红树林木炭的传统产业。笔者在印度尼西亚的加里曼丹木炭厂看到，烧制木炭的窟窑直径为6.7米，能排置红树林原木40.8吨，经过25～35天的窑烧干馏后可生产出11吨高质量的木炭（图1-16）。红树林木炭乌黑发亮，敲声清脆，被加工成鸡蛋大小的产品，包装出售。日本人认为只有上好的木炭才能烤炙出味道纯正的佳肴，因此生产的红树林木炭主要出口到

图1-16 印度尼西亚加里曼丹用于烧制木炭的红树林木材

日本。烧制红树林木炭时排放出的气体经冷却后可收集到褐色焦液。木炭厂的老板告诉笔者，日本人还购买这些焦液，据说可从中提取到有价值的物质。随着全球越来越关注红树林的保护，红树林木炭生产在一些地区已受到严格限制。

4. 饲料

红树林区历史上曾经是沿海群众放养水牛、羊的牧场。我国生长于

靠近陆地滩涂上的白骨壤、秋茄、木榄、红海榄等红树植物是牛、羊的主要啃食对象，特别是这些红树植物的幼叶和幼枝，更是让牛、羊嗜食成性。1996年笔者为研究而在广西沿海建立的多处红树林苗圃和营造的幼林就曾因为耕牛的啃食而近乎全军覆没。在炎热干旱季节，印度洋内陆牧场和草地变为荒地，以草为食的骆驼就面临饥饿甚至死亡。因此，每年的6月之前都有约16000头的骆驼从陆地走向海洋，在印度洋三角洲以啃食滩涂上大片的白骨壤为生，直至10月它们才返回原地。用红树植物饲料大规模饲养牲畜以巴基斯坦最为出名。在印度洋沿岸的印度、巴基斯坦、阿拉伯联合酋长国和伊朗等国家，居民们还普遍采摘白骨壤枝叶用于喂养村里圈养的水牛、黄牛、毛驴、绵羊、山羊、幼小的骆驼和鹅等。这些牲畜为什么都非常喜食红树植物饲料呢？因为红树植物的叶片含有大量牲畜生长和发育所必需的各种矿物质、维生素、氨基酸、蛋白质、脂肪和粗纤维，其营养价值往往高于许多陆生植物饲料。此外，红树植物含有大量的食盐和碘，而陆生植物饲料含盐量少，几乎不含碘。食盐和碘是牲畜生长发育所需的物质，如果缺少碘，幼畜也会像人类一样得“大脖子病”。红树植物枝叶中的单宁有收敛作用，牛、羊摄取红树植物饲料还有助于消化。研究人员利用红树植物饲料喂养奶牛，发现其产奶量增加；用红树植物作为普通饲料添加剂时，加速小鸡的体重增加。由于红树植物叶片的营养含量比苜蓿还高，因此有人认为红树植物叶片为“饲料之王”。虽然红树植物有较高的饲料价值，但在红树林区放牧和采集青饲料不可避免地会发生过渡啃食、枝条折断和踩踏幼苗等情况，将导致红树林的矮化和稀疏化，这对红树林的生长和保护十分不利。

5. 食材

白骨壤、海桑、水椰等红树植物的果实可食，是海洋绿色食物。在我国食用最普遍、资源量最大的是白骨壤果实（后文详述）。海桑为热带红树林树种，我国的海桑仅生长在海南岛。海南岛的海桑高可达10多米，在6～9月、12月至翌年3月有2次熟果期。海桑果实为扁球形浆果，直径3～5厘米，可作为水果生食，味微甜带酸，具有解渴、充饥、提神的作用。水椰为棕榈科植物，外形像棕榈树，在我国也仅存于海南岛。水椰的果期在6～10月，其果肉可食，味道跟椰肉相似（图1-17）。水椰的花序轴切开后会流出汁液，汁液含糖量高达14%～17%。水椰的汁液在东南亚地区被用于酿制食用酒，在当地很受欢迎。水椰酒在不同的国家有不同的名称，菲律宾称“Tuba”，印度尼西亚称“Drak”，马来西亚、印度和孟加拉国称之为“Toddy”。2004年笔者在菲律宾巴拉望岛第一次品尝了水椰酒（图1-18），个人感觉有点像俄罗斯的伏特加酒。此外，秋茄、红海榄、木榄、海莲等红树植物的胎生胚轴内含淀粉，清除单宁后也可食用。虽然它们只是在历史上的饥荒时期供充饥之用，但现在一些国家仍会将其制作为蜜饯食用（图1-19）。

1. 水椰林（前排）

2. 水椰果肉

图1-17 水椰林及其果肉

1. 品尝水椰酒

2. 水椰酒

图1-18 笔者在菲律宾巴拉望岛品尝水椰酒

图1-19　木榄胚轴制作的蜜饯

红树植物食谱是一项文化，据说东南亚沿海国家有60多种红树植物吃法。联合国环境规划署全球环境基金“扭转南中国海与泰国湾环境退化趋势”的项目（2002～2008年）经理约翰·佩涅塔（John Pernetta）博士一直想在退休之前完成《红树林食谱》，可惜10年过去了，仍未见书。希望有人能完成这项有趣的工作，为“海上丝绸之路”的建设做出贡献。

6. 染料和绿肥

全球拥有红树林的国家几乎都有将红树植物作为染料植物加以利用的古老历史，古代印第安人对红树植物的染料利用还成为今天“红树林”名称的起源。红树植物在我国主要用于布料和网具染色。在广西中越边境的江平镇一带，20世纪70年代以前农家还利用秋茄树皮提取单宁酸为丝绸染色。据说，这种浸染过的浅红色丝绸透气性好，裁剪成的衣服飘逸清凉，深受当地居民的喜爱。渔网浸染过红树林染料后可提高其对海水的防腐性能。

白骨壤叶片含有较高的氮，因此许多国家把白骨壤叶片用作绿肥。广西沿海群众曾用白骨壤叶片作为绿肥来种植红薯。除了少数经济十分落后的国家和地区，随着工业的发达和红树林资源的减少，将红树植物作为染料和绿肥已成为历史。

60

第二章 广西北部湾的红树林

在日常工作中，不仅仅是有关部门，也有许多红树林热心人士想了解广西红树林存在了多少年、红树林资源量及其分布、红树植物种类等问题，并总想在一些方面获得“全国第一”“世界第一”的兴奋。遗憾的是，目前广西的红树林除天然林比例和白骨壤面积排名全国第一外，还没有其他什么方面可以称得上是冠军，更不可能像一些流言所说的，某某港湾的红树林是“中国第一大”“世界第二大”。在自然条件并不十分理想的广西北部湾，红树林能生长就是上天的恩赐，我们又何必在乎排名呢?

一、广西北部湾红树林简史

目前，根据世界上的化石记录，最早的红树林出现在7000万年前。绝大部分学者认为，红树林是在物种进化中被赶下海的陆生植物，它们逐步适应了潮间带环境，练就了一套能在海水中生长的本领。海岸潮间带和气温决定着红树林的动态分布。

地球的第四纪大冰期始于300万～200万年前，结束于2万～1万年前，当时的海平面比现在的海平面低100～130米。现在的北部湾北部和西部较浅（20～40米），中部和东南部较深（50～60米），平均水深40

米左右；现在的琼州海峡大部分水深30～40米，最深为90米。在大冰期，根本不存在北部湾和琼州海峡，也就不存在北部湾红树林的问题了。在漫长的大冰期，地球上的红树林极可能被压缩在赤道附近的狭长海区，为冰后期红树林的扩散保存了物种基因。

随着大冰期的结束，地球进入冰后期，气候逐渐变暖，海平面迅速上升，慢慢形成了现代的华南海岸，为广西红树林“定居”提供了滩涂条件。黎广钊等人的研究表明，距今1万年前后，华南海平面还在现今海面以下约30米，海水只能进入北部湾涠洲岛南部附近；距今8000～7000年依然为海进阶段，海平面上升速度超过沉积速度，海水继续向大陆蔓延，逐成强弩之末；距今7000年以来，海平面基本在现今位置波动，可沉积速度超过了海平面上升速度，从而进入了海退阶段，因此广西南流江三角洲以平均每年1.6米的速度向外推进了10～12公里。如果气温条件满足，距今10000～7000年，红树林还处于从涠洲岛南部向北移动的过程中，红树林随着向北位移的古海岸不断向现今相对稳定的海岸位置靠拢。那时的红树林不是现今的红树林，而是在位移旅途中的古海岸红树林。

一般认为，现今的华南海岸是6000～5000年前以来形成的潟湖—沙坝和溺谷湾，河口沉积与大陆架供沙是现代华南潮间带滩涂形成的基本机制。有了海岸潮间带才可能有红树林，也就是说红树林“定居”在广西现今相对稳定海岸的年代大约距今6000年，即公元前4000年，跟中华文明起源基本同步。本推断只考虑地貌过程，未考虑气候因素。

海岸潮间带是红树林发育的首要条件，其次是温度。红树植物是热带起源的物种，－5℃是其存活的生理极限低温。2008年50年一遇特大寒潮期间，广西沿海出现了连续7天气温低于5℃的天气，广西红树植物出现了花、果、叶脱落，枝条枯萎，甚至植株死亡的现象，其中嗜热性红树植物红海榄和木榄的幼苗几乎全部被冻死，笔者在广西防城港珍珠湾内种植的十年生红海榄幼树（高2.5～3.5米）无一幸存。大冰期结束后，3080年前以来，中国还经历了新冰期和小冰期，那时华南沿海冬季的气温应该比今天的低得多，红树植物也许不能度过寒冷的冬季。可见今天我们所看到的红树林，其直接祖先“定居”现代华南和广西海岸的年限极可能不超过6000年。因此，广西的红树林属于非常年轻的海上森林。6000年来，红树林究竟在哪个具体时段“定居”广西现代海岸的，尚需进一步考证和研究。

在广西北海的南珠宫可以看到古代珍珠池的分布模型。2000多年前汉代古珍珠池的沿岸基本上就是我们今天的农田和村庄，而它们在当时很可能大部分是潮间带，是古代红树林的生长地，为珍珠贝的生长提供了优良的环境。广西北部湾在秦代是象郡的辖地，顾名思义，就是大象很多的地方。据明崇祯十年（1637年）版本《廉州府志·卷二·山川》记载，钦州、合浦交界的那雾山“其山产象，每秋熟，辄成群出食，民甚苦之”。清道光十三年（1833年）版本《廉州府志·卷二十一·事纪》记载，合浦县公馆镇东北的大廉山，于明嘉靖二十六年（1547年）“八月，合浦大廉山群象践禾稼”，为此廉州知府指挥官兵和老百姓打响了一场围剿大象的战斗。清康熙年间，工部尚书杜臻巡视北部湾沿海，从廉州府城东去营盘白龙城的途中，夜听虎啸如雷。可见，在明清时期，北部湾沿海一派郁郁葱葱的景象，生态环境优良，受人类生产活动的干扰较小。如今在全球范围内，红树林海区都是珍珠养殖最理想的场所。笔者曾经评估过20世纪红树林对广西南珠养殖的贡献，发现在红树林生长的海区养殖珍珠，其经济效益比没有红树林分布的海区约高出14倍，其影响环节主要表现在红树林通过改善水质，提高了珍珠贝的成活率和珍珠的品质。古代广西北部湾盛产珍珠，至少从一个侧面说明当时的北部湾红树林十分茂盛。

围垦红树林早已有之。明末战乱，中国出现了逃难人口南迁的移民现象。但大规模的围海造田开始于清代。据《哈佛中国史·最后的中华帝国：大清》记载，从17世纪晚期开始，中国少战乱，医学进步，康熙至乾隆年间不断减税，实行低税收政策，农民生活水平提高，人口激增。1700年，全中国人口约1.5亿，1800年超过3亿，1850年人口可能已经达到4.5亿。人口激增，人均田地剧减，政府通过政策鼓励移民，其中方向之一就是边陲北部湾沿海。大量移民来到广西沿海，人多地少，围海造田成为解决粮食供给困难的重要手段，红树林开始成为牺牲品。

据明崇祯十年（1637年）版本《廉州府志·卷二·水利》和《廉州府志·卷十二·水田亭记》的记载，嘉靖中期，廉州知府张岳大力兴修水利发展农业，官府已经对“各民开垦荒坡、潮田”收取粮税。这是关于广西北部湾沿海地区围海造田的最早的历史文献记载。据1994年《合浦县志·第六篇社会·第五节姓氏·主要姓氏来历》记载，明末清初，合浦北海一带的主要姓氏陈、韩、周、马、曾、徐、李、潘、关、张、沈、王、罗等，其祖先从福建、广东迁入。据清道光十三年（1833年）版本《廉州府志·卷十·户口》记载，康熙五十年（1711年）合浦县（包括今北海全域和钦州的浦北县）在册人口约为1.58万，而后“盛世滋生丁口，至道光八年共二十六万五千二百八十五丁口”。据民国三十一年（1942年）版本《合浦县志·卷一·户口》记载，到了民国四年（1915年），合浦县（包括今北海全域和钦州的浦北县）在册人口已经接近77.9万。据清道光十三年（1833年）版本《廉州府志·卷四·风俗》记载：“昔钦州农民……林涧荒坡尽行开辟，不惟瘠土变为沃土，而沧海且变为桑田焉。从前，州南濒海，潮涨汪洋，高岸旷土尚力靳未辟，遑计及海滨。今升平日久，生齿日繁，负耒来氓渐集者众，生谷之地无不尽垦。自乾隆中以至于今，海潮所到之处……等处，相其土宜可以塞潮种植者，经营图度覆土筑堤以障潮汐，留水门以通消纳，名曰‘围田’，收利甚广。”1994年《合浦县志·第一篇地理·第二章政区·第二节党江镇》记载：“……总面积为81.5平方公里……党江镇地处南流江下游三角洲，海岸线长21.45公里，属滨海冲积平原，大部分农田是清朝道光初年后把潮滩围垦而成。”20世纪，广西沿海当地群众在将农田改建为池塘时，不时从土壤深处挖到植物树桩，印证了沧海桑田的历史变迁。

1990年，广西沿海海堤工程加固整治与滩涂开发规划报告显示，

20世纪80年代末期广西共有海堤498个，其中的455个是1949年之前修建的。在1949年之前修建的海堤中，围垦面积小于50公顷的海堤数量高达392个；1949年后，围垦的海堤数量虽然不大，但单个海堤围垦的面积远远大于历史上的海堤。根据海堤所在海湾的地形地貌、海堤规模、红树林占围垦滩涂的面积比例等，笔者推算，1840年左右广西北部湾沿海有红树林24065.8公顷，1949年有红树林10856.6公顷。

二、广西现有红树林资源分布情况

截至2013年12月底，广西海岸带红树林面积为7243.15公顷，共有红树林斑块2793个，最大斑块面积为173.67公顷，最小斑块面积为0.01公顷，主要分布于北仑河口、珍珠湾、防城港东西湾、茅尾海、大风江、廉州湾、铁山港湾（图2-1）。

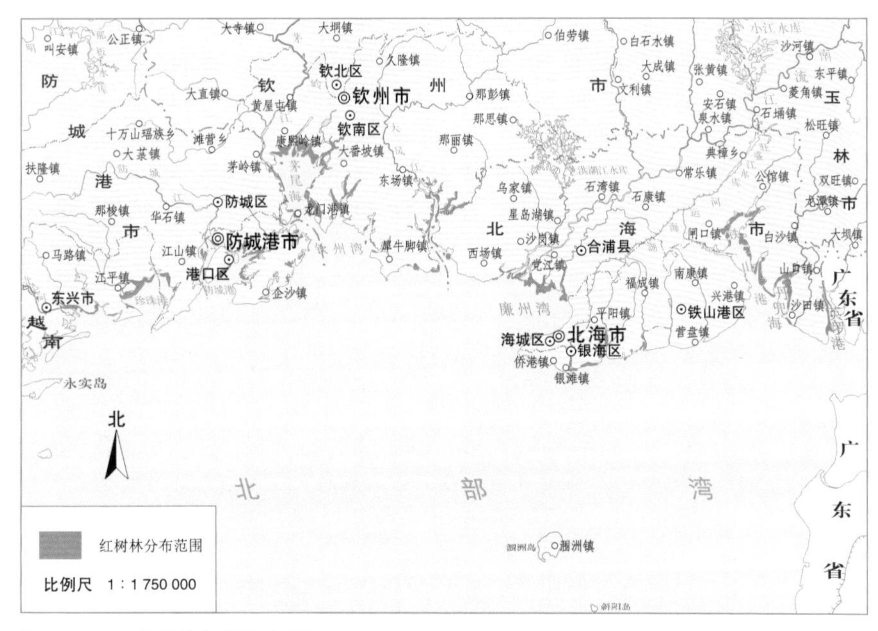

图2-1　广西海岸带红树林分布图

（一）广西红树林面积的行政区分布

广西海岸带红树林主要分布在北海市、钦州市、防城港市的7个区（县），包括北海市的银海区、合浦县、铁山港区，钦州市的钦南区，防城港市的防城区、港口区、东兴市。广西各级行政区红树林分布状况见表2-1。

表2-1 广西各级行政区红树林分布状况（2013年12月）

地市	区（县）	面积（公顷）	斑块数（个）	平均斑块面积（公顷）	占全区面积比例（%）	最大斑块面积（公顷）	最小斑块面积（公顷）
北海市	银海区	349.30	148	2.36	4.82	45.40	0.01
	合浦县	2878.85	720	4.00	39.75	133.78	0.02
	铁山港区	35.51	37	0.96	0.49	6.82	0.06
	小计	3263.66	905	3.61	45.06	133.78	0.01
钦州市	钦南区	2097.41	1259	1.67	28.96	91.27	0.01
	小计	2097.41	1259	1.67	28.96	91.27	0.01
防城港市	防城区	423.86	141	3.01	5.85	46.53	0.03
	港口区	659.54	329	2.00	9.10	76.10	0.01
	东兴市	798.68	159	5.02	11.03	173.67	0.02
	小计	1882.08	629	2.99	25.98	173.67	0.01
合计		7243.15	2793	2.59	100.00	173.67	0.01

北海市红树林面积为3263.66公顷，斑块905个，平均斑块面积为3.61公顷，占广西海岸带红树林总面积的45.06%，分布于银海区、合浦县、铁山港区。合浦县是北海市面积最大的区（县），也是北海市海岸

线最长的区（县），其红树林面积达2878.85公顷，红树林斑块720个，占北海市红树林总面积的88.21%，主要分布于铁山港湾东岸以及廉州湾南流江地区。银海区红树林面积349.30公顷，红树林斑块148个，占北海市红树林面积的10.70%，主要分布于大冠沙、西村港、营盘港区域。铁山港区红树林面积35.51公顷，红树林斑块37个，仅占北海市红树林面积的1.09%，零星分布于铁山港湾西岸。

钦州市红树林面积2097.41公顷，红树林斑块1259个，占广西海岸带红树林总面积的28.96%，分布于茅尾海、金鼓江、七十二泾及钦州湾，均处于钦南区辖区范围。

防城港市红树林面积1882.08公顷，红树林斑块629个，占广西海岸带红树林总面积的25.98%，主要分布于北仑河口、珍珠湾、防城港东西湾，分属于防城区、港口区、东兴市。东兴市红树林面积798.68公顷，红树林斑块159个，占防城港市红树林面积的42.44%，主要分布于北仑河口、珍珠湾海域，其中大部分红树林生长在北仑河口国家级红树林自然保护区内。防城区红树林面积423.86公顷，红树林斑块141个，占防城港市红树林总面积的22.52%，主要分布于珍珠湾东部以及防城港西湾沿岸。港口区红树林面积659.54公顷，红树林斑块329个，占防城港市红树林面积的35.04%，主要分布于防城港东湾及企沙沿岸。

（二）广西红树林面积的港湾分布

按港湾分布，珍珠湾、茅尾海、防城港东湾、廉州湾、铁山港湾等是广西红树林分布的主要港湾（表2-2，图2-2至图2-11）。其中，茅尾海的红树林面积最大，为1217.56公顷；其次为铁山港湾，面积为1111.52公顷；北仑河口的红树林面积最小，为87.46公顷。茅尾海的红树林斑块数最多，为484个；斑块数最少的为防城港西湾，仅有50个；珍珠湾的红树林斑块平均面积最大，为7.70公顷；金鼓江的红树林平均斑块面积最小，仅为0.51公顷。

表2-2 广西沿海各港湾红树林分布状况（2013年12月）

沿海港湾名称	面积（公顷）	斑块数（个）	平均斑块面积（公顷）
北仑河口	87.46	74	1.18
珍珠湾	939.97	122	7.70
防城港西湾	162.19	50	3.24
防城港东湾	485.87	153	3.18
茅尾海	1217.56	484	2.52
七十二泾	284.26	331	0.86
金鼓江	137.40	269	0.51
钦州湾	224.28	128	1.75
大风江	645.54	363	1.78
廉州湾	804.73	250	3.22
北海银滩至营盘镇	363.37	164	2.22
铁山港湾	1111.52	258	4.31
丹兜海	533.00	94	5.67
英罗港	246.00	53	4.64
合计	7243.15	2793	2.59

图2-2 英罗港的红树林

图2–3　丹兜海的红树林

图2–4　廉州湾党江的红树林

图2-5 廉州湾木案的红树林

图2-6 钦州茅尾海的红树林

图2–7　钦州港七十二泾岛群的红树林

图2–8　钦州康熙岭引种的无瓣海桑林

图2-9 防城港东湾的红树林

图2-10 防城港西湾的红树林

图2–11　防城港珍珠湾的红树林

（三）广西红树林面积的群落分布

红树林群落类型有白骨壤、白骨壤 + 桐花树、桐花树、桐花树 + 白骨壤、木榄—白骨壤等21种（表2–3）。其中，面积及比例从大到小前7位排列分别是白骨壤群落（3022.95公顷，41.74%）、桐花树群落（2383.81公顷，32.91%）、白骨壤 + 桐花树群落（405.43公顷，5.60%）、木榄—白骨壤群落（303.93公顷，4.20%）、红海榄—白骨壤群落（214.43公顷，2.96%）、无瓣海桑—桐花树群落（138.46公顷，1.91%）、木榄—桐花树群落（128.40公顷，1.77%）。

表2-3 广西红树林群落类型结构（2013年12月）

群落类型	北海市		钦州市		防城港市		广西	
	面积（公顷）	斑块数（个）	面积（公顷）	斑块数（个）	面积（公顷）	斑块数（个）	面积（公顷）	斑块数（个）
白骨壤	1539.10	432	600.14	615	883.71	359	3022.95	1406
白骨壤+桐花树	304.43	26	59.38	2	41.62	31	405.43	59
桐花树	919.75	367	1096.61	602	367.45	183	2383.81	1152
桐花树+白骨壤	11.84	10	21.16	13	45.50	28	78.50	51
桐花树—老鼠簕	2.11	2	0	0	0.18	1	2.29	3
秋茄	11.65	14	0.63	2	0	0	12.28	16
秋茄—白骨壤	37.46	8	3.64	1	37.28	12	78.38	21
秋茄—桐花树	10.17	7	103.06	3	0	0	113.23	10
红海榄—白骨壤	214.43	13	0	0	0	0	214.43	13
红海榄—桐花树	82.21	6	0	0	0	0	82.21	6
木榄	0	0	0	0	0.57	1	0.57	1
木榄—白骨壤	0	0	0	0	303.93	6	303.93	6
木榄—白骨壤+桐花树	0	0	0	0	69.84	2	69.84	2
木榄—桐花树	0	0	0	0	128.40	3	128.40	3

续表

群落类型	北海市		钦州市		防城港市		广西	
	面积（公顷）	斑块数（个）	面积（公顷）	斑块数（个）	面积（公顷）	斑块数（个）	面积（公顷）	斑块数（个）
木榄—红海榄	114 .78	2	0	0	0	0	114.78	2
无瓣海桑	0.22	2	42.48	12	0	0	42.70	14
无瓣海桑—白骨壤	8.20	4	0	0	0	0	8.20	4
无瓣海桑—桐花树	0.68	1	137.78	7	0	0	138.46	8
老鼠簕	0	0	32.53	2	0	0	32.53	2
海漆	6.63	11	0	0	0.25	1	6.88	12
卤蕨	0	0	0	0	3.35	2	3.35	2
合计	3263.66	905	2097.41	1259	1882.08	629	7243.15	2793

三、广西红树植物的组成

最新的统计资料表明，全球共有73种真红树植物。我国真红树植物共11科15属27种，占全球红树植物种数的37%。此外，还有半红树植物12种。广西北部湾现有的红树植物大家族里，共有真红树植物12种（含外来种2种），半红树植物8种，分别占全国种类的44%和67%（表2-4）。红树林是处在陆地与海洋过渡带的森林，由于某些陆生耐盐性木本植物也与红树植物类似，在潮间带滩涂上安营扎寨，因此称这类陆地植物为“半红树植物”。半红树植物在陆地和潮间带上均可生长和繁殖后代，一般生长在涨大潮时才偶尔浸到的陆缘潮带，无适应潮间带生活的专一性形态特征，具有两栖性。半红树植物是红树林的陆地“入侵者”，它们在潮间带上的地盘自然比真红树植物小得多。

表2-4　广西红树植物的种类组成

类别	科名	中文名	种名
真红树植物	卤蕨科Acrostichaceae	卤蕨	*Acrostichum aureum*
	大戟科Euphorbiaceae	海漆	*Excoecaria agallocha*
	海桑科Sonneratiaceae	无瓣海桑*	*Sonneratia apetala*
	红树科Rhizophoraceae	木榄	*Bruguiera gymnorrhiza*
		角果木**	*Ceriops tagal*
		秋茄	*Kandelia obovata*
		红海榄	*Rhizophora stylosa*
	使君子科Combretaceae	榄李	*Lumnitzera racemosa*
		拉关木*	*Laguncularia racemosa*
	紫金牛科Myrsinaceae	桐花树	*Aegiceras corniculatum*
	马鞭草科Verbenaceae	白骨壤	*Avicennia marina*
	爵床科Acanthaceae	小花老鼠簕	*Acanthus ebracteatus*
		老鼠簕	*Acanthus ilicifolius*
合计		12	
半红树植物	豆科Leguminosae	水黄皮	*Pongamia pinnata*
	锦葵科Malvaceae	黄槿	*Hibiscus tiliaceus*
		杨叶肖槿	*Thespesia populnea*

续表

类别	科名	中文名	种名
半红树植物	梧桐科Sterculiaceae	银叶树	*Heritiera littoralis*
	夹竹桃科Apocynaceae	海杧果	*Cerbera manghas*
	马鞭草科Verbenaceae	苦郎树	*Clerodendrum inerme*
		钝叶臭黄荆	*Premna obtusifolia*
	菊科Asteraceae	阔苞菊	*Pluchea indica*
合计		8	

注：* 为已成功驯化的外来种，** 为灭绝种。

红树林并不是胡乱生长形成的，在其林子构成时存在自身内在的规律，是由不同的红树植物经过长期的竞争和相互适应而共同形成相对稳定的植物群落。红树林植物群落也可以由单种的红树植物形成。植物群落是研究自然植被的生态学尺度，由植被型、群系、群丛三个级别的单位组成。群丛是群落分类的基本单位，指种群结构相同，各层优势种或共优种相同的植物群落。群丛的命名由“优势种＋共优种”表示，乔灌层之间用连接号连接。

广西北部湾的红树林群落类型大致可分为11个群系，每个群系又可分为若干群丛（表2-5）。其中，白骨壤群系是广西红树林群落类型中占比最高的群落类型，桐花树群系次之，此两种群系的面积占广西红树林面积的一半以上。

表2-5　广西红树林的群落类型

序号	群系	群丛
1	白骨壤群系	白骨壤群丛，白骨壤＋桐花树群丛
2	桐花树群系	桐花树群丛，桐花树＋白骨壤群丛

续表

序号	群系	群丛
3	秋茄群系	秋茄群丛，秋茄、白骨壤、桐花树群丛，秋茄、桐花树群丛
4	红海榄群系	红海榄群丛
5	木榄群系	木榄群丛，木榄＋秋茄—桐花树群丛
6	无瓣海桑群系	无瓣海桑群丛，无瓣海桑—桐花树群丛
7	海漆群系	海漆群丛
8	银叶树群系	银叶树群丛
9	海杧果群系	海杧果群丛
10	黄槿群系	黄槿群丛
11	老鼠簕、卤蕨、桐花树群系	—

由于红树林分布与生长状况受多种因素影响，如温度、洋流、波浪、盐度、潮汐、底质等，在广西各海湾相对复杂的各种因素的影响下，广西红树植物家族种类的分布存在显著的差异，以下按照分布常见程度由高到低的顺序进行分述（这里仅介绍原生种类，外来种介绍另见第四章）。

（一）真红树植物

1. 白骨壤

白骨壤，俗名白榄，马鞭草科海榄雌属常绿灌木或小乔木，树高0.5 ~ 6.0米不等；具备发达的指状呼吸根（该种最显著的特征之一），也常出现气生根和支柱根（图2-12）；花小，黄色或橙红色；具隐胎生现象，果实近扁球形，直径1～2厘米，内包裹隐胎生苗的叶芽和富含淀粉的子叶（图2-13）。广西群众俗称白骨壤果实为“榄钱”（或“揽钱”“揽子”），“榄钱”经处理后与文蛤一起煮汤或焖煮，为广西沿海最具特色的“季节性海洋蔬菜”之一。

1. 植株

2. 指状呼吸根和气生根（偶见）

图2-12　白骨壤植株及其指状呼吸根和气生根

1. 花

2. 果实

图2-13　白骨壤的花和果实

白骨壤多分布于中低潮带滩涂，也可以出现在中潮带和高潮带滩涂。它是耐盐和耐水淹能力最强的红树植物，对土壤适应性广，在淤泥、半泥沙质和沙质海滩均可生存，属海洋性的演替先锋树种，是广西乃至我国分布面积最大的红树植物种类。

白骨壤广泛分布于广西各海湾，连片大面积分布于淡水注入较少的海湾，如防城港东湾、珍珠湾、钦州港、铁山港，以及开阔海岸如北海金海湾等地区。北海金海湾红树林片区白骨壤纯林为国内最典型的沙生红树林。常见。

2. 桐花树

桐花树，俗称黑榄，紫金牛科桐花树属常绿灌木或小乔木，高1～5米；根部有时会略膨大；果实圆柱形并弯曲如新月，形似小辣椒；是典型的隐胎生红树植物。桐花树花量大，花期长，是沿海主要的蜜源植物（图2-14）。

1. 花

2. 果实

图2-14 桐花树的花和果实

桐花树多分布于有淡水输入的海湾河口中潮带滩涂，常大片生长于红树林靠海一侧滩涂，是盐度较低区域红树林演替的先锋树种（图2-15）。其耐寒能力仅次于秋茄，对盐度和潮位适应性广。它是广西乃至全国分布面积仅次于白骨壤的红树植物种类。

1. 群落

2. 树干

3. 潮沟边丛生的桐花树

图2-15　桐花树群落

桐花树在红树林分布区潮沟边均有分布，淡水输入充足的河口区，如南流江口、大风江口、钦江口及钦州港等，均有大面积连片分布。常见。

3. 秋茄

秋茄，俗称红榄，红树科秋茄树属常绿灌木或小乔木，高2～6米；茎基部粗大，有板状根或密集小支柱根；具胎生现象，胚轴瘦长，棒棍状，长达20～30厘米（图2-16、图2-17）。

1. 植株

2. 板状根（板状显著，高）

3. 板状根

图2-16 秋茄的植株和根

1. 花

2. 胚轴

图2-17 秋茄的花和胚轴

秋茄多生长于红树林中滩及中外滩，常见于白骨壤和桐花树的内缘，属于演替中期种类。秋茄对温度和潮带的适应性都较强，是太平洋西岸最耐寒的红树植物，是目前人工造林中应用最广泛的红树植物。它广泛分布于广西沿海各海湾近岸潮滩。常见。

4. 卤蕨

卤蕨是卤蕨科卤蕨属多年生草本植物，高可达2米；叶脉网状两面可见，孢子囊满布能育羽片下面。它是广西红树植物中唯一的裸子植物（图2-18）。

图2-18　卤蕨

卤蕨常见于有淡水输入的高潮带滩涂，也可以生长在只有特大潮才能影响到的湿润地区。沿海各地泥质塘堤或小沟边可见，北仑河口保护区有大面积分布。常见。

5. 老鼠簕

老鼠簕是爵床科老鼠簕属灌木或亚灌木，高0.5～2.0米；有时可见支柱根；叶形变化较大，多为长椭圆形且叶缘带刺；果实长圆形，形状酷似小老鼠，故得名（图2-19）。

老鼠簕多生长在有淡水输入的高潮带滩涂和受潮汐影响的水沟两侧，有时也组成小面积的纯林。合浦党江镇南流江近海河段、沙埇村，钦州市钦江口沙井村，北仑河口中间岛等有连片分布，防城江口有少量分布。

1. 群落

2. 花

3. 果实

图2-19 老鼠簕

6. 海漆

海漆是大戟科海漆属乔木，高可达6米；全身有白色的乳汁，具有发达的蛇形表面根；雌雄异株，雄花序（穗状）与雌花序（总状）不一致；果实为蒴果，带三角状，有3个浅沟，酷似古代兵器“铜锤”（图2-20、图2-21）。

海漆一般生长在高潮带及高潮带以上的淤泥质或泥沙质海岸，也常见于鱼塘堤岸。在一些生境盐度较低的河口，海漆也常见于潮沟两侧的红树林外缘。广西沿海堤岸均有分布，北仑河口竹山海堤、山口红树林保护区英罗港海堤、丹兜新村海堤、廉州湾榄坪庙潮间带可见较大面积的海漆纯林。常见。

图2-20 海漆的表面根

1. 叶 2. 花序 3. 果实

图2-21 海漆的叶、花序和果实

7. 红海榄

红海榄，俗名鸡爪榄，红树科红树属常绿乔木或灌木，高可达8米；其最显著的特征是具有发达的支柱根；花带淡黄色；具胎生现象，胚轴长圆柱形，长30～40厘米，胚轴表面有点状凸出（图2-22至图2-24）。

红海榄树形优美，支柱根发达，抗风浪冲击力强，是我国最具代表性的红树植物种类。多见于河口外侧盐度较高的红树林内滩，是演替中后期树种。集中分布于山口红树林保护区英罗港、海塘村、永安村和那潭村海滩，北仑河口保护区竹山村片区有零星分布。不常见。

图2-22 全国连片面积最大的天然红海榄林（英罗港）

图2-23 英罗港红海榄的支柱根

1. 花

2. 胚轴

图2-24　红海榄的花和胚轴

8. 木榄

木榄是红树科木榄属常绿乔木或灌木，高可达6～8米；常有屈膝状的呼吸根伸出滩面，并在植株基部形成板状根；树干具皮孔；花红色，明显；具胎生现象，胚轴较红海榄胚轴更粗但略短，长15～25厘米（图2-25至图2-27）。

图2-25　木榄的膝状根

图2-26　木榄皮孔

1. 花

2. 胚轴

图2-27　木榄的花和胚轴

木榄多见于红树林内滩，属于演替后期树种，耐水淹能力比白骨壤、秋茄和红海榄低。北仑河口保护区珍珠湾片区石角、交东管理站，山口红树林保护区英罗管理站、永安村海滩有较大面积连片分布。不常见。

9. 榄李

榄李是使君子科榄李属常绿灌木，高1～3米；叶先端钝圆或有微凹，是本种最显著的特征之一；果实常为椭圆状，长约1.5厘米（图2-28）。

1. 花蕾

2. 花

图2-28　榄李的花蕾和花

榄李属于演替后期树种，生长于高潮带或大潮可淹及的泥沙滩。北仑河口红树林保护区竹山村古榕部落片区有连片分布，珍珠湾黄竹江河口、山口红树林保护区英罗港有一定数量分布，铁山港湾顶部潮滩亦偶见。少见。初步估算，目前广西的榄李只剩余300株左右。濒危。

10. 小花老鼠簕

小花老鼠簕属爵床科老鼠簕属亚灌木，与老鼠簕为同属植物，高0.5～1米；叶形与老鼠簕相似，但叶片先端平截或稍圆凸，叶片边缘有3～4条不规则羽状浅裂，裂片顶端有尖锐硬刺；穗状花序顶生，花小，长不超过2.5厘米，花冠蓝白色，无小苞片；果实椭圆形（图2–29、图2–30）。生长于有淡水输入的高潮带滩涂，常与老鼠簕生长在一起，但可以在一些盐度较高的高潮带积水洼地生长，耐盐能力高于老鼠簕。北仑河口保护区珍珠湾内和黄竹江有少量分布。极少见。

1. 群落

2. 植株

图2–29　小花老鼠簕群落和植株

1. 花

2. 果实

图2-30　小花老鼠簕的花和果实

（二）半红树植物

1. 苦郎树

苦郎树，又叫假茉莉、许树，马鞭草科大青属攀缘状灌木，高可达2米（图2-31、图2-32）。苦郎树生境多样，多生长于海岸沙地、红树林林缘、基岩海岸石缝和堤岸，尤其是在堤岸石质护坡的缝隙中生长旺

图2-31　苦郎树

1. 花

2. 果实

图2-32　苦郎树的花和果实

盛，经常可以覆盖整个堤岸。苦郎树为半红树植物中最常见的种类，广西沿海堤岸均有分布。常见。

2. 阔苞菊

阔苞菊是菊科阔苞菊属常绿灌木，高0.5～2.0米（图2-33、图2-34）。阔苞菊常成片生长于红树林林缘、鱼塘堤岸、水沟两侧及沙地等，也可生长在大潮时潮水可淹及的滩涂中。广西沿海堤岸均有分布。常见。

图2-33　阔苞菊

图2–34　阔苞菊的花

3. 黄槿

黄槿是锦葵科木槿属常绿灌木或乔木，高可达10米；花黄色，盛开时艳丽；果实球形（图2–35、图2–36）。黄槿常见于红树林林缘，高潮线上缘的海岸沙地、堤坝或村落附近，也可以在完全不受海水影响的淡水环境中生长。广西沿海各村落房前屋后均有栽植，偶见于远离海岸的内陆公园。

图2–35　黄槿

1. 叶

2. 花

图2-36 黄槿的叶和花

4. 杨叶肖槿

杨叶肖槿是锦葵科桐棉属常绿灌木或小乔木，高4～8米；叶形呈卵状心形，基部心形，很像杨树叶片，故名杨叶肖槿；花初生时为黄色，后渐变为淡紫红色；果实黑色，球形（图2-37、图2-38）。杨叶肖槿常生长于红树林林缘、海堤及海岸林中，偶见于潮位稍高的红树林中，主要分布于山口红树林保护区英罗港、北仑河口保护区珍珠湾及黄竹江等地，其余地区偶见。

图2-37 杨叶肖槿

1. 花

2. 果实

图2-38　杨叶肖槿的花和果实

5. 海杧果

海杧果是夹竹桃科海杧果属常绿小乔木，高2～4米；全株有丰富的乳汁；伞形花序生于枝顶，花白色；果实卵形，大如鸡蛋，未成熟时绿色，成熟时橙红色（剧毒）（图2-39、图2-40）。海杧果喜生长于高潮线以上的滨海沙滩、海堤或近海的河流两岸及村庄边，也经常在红树林林缘出现。主要分布于防城港市江平镇的巫头村和沥尾村。较常见。

图2-39　海杧果

1. 花

2. 果实

图2-40 海杧果的花和果实

6. 银叶树

银叶树是梧桐科银叶树属常绿大乔木，高可达15米；有发达的板状根；因其小枝、叶背及花序均呈银灰色（密被银灰色鳞秕）而得名；果实长椭圆形，木质化，具龙骨状突起，未成熟时绿色，成熟时呈褐色（图2-41、图2-42）。银叶树多分布在高潮线附近的潮滩内缘，或大潮、特大潮才能淹及的海滩、河滩，以及海陆过渡带的陆地，属于比较典型的水陆两栖红树植物种类。广西西海岸段的黄竹江、山心村、红星村等地有分布。少见。

图2-41 银叶树

1. 板状根

2. 果实

图2-42 银叶树的根和果实

7. 水黄皮

水黄皮是豆科水黄皮属落叶乔木，高3～8米；树形与叶形均酷似栽培水果植物黄皮；果实为荚果，扁平，椭圆状（图2-43、图2-44）。水黄皮多生长于高潮线上缘的海岸，山口红树林保护区英罗港、北仑河口保护区黄竹江及珍珠湾石角管理站附近等地有分布。

图2-43 水黄皮

1. 叶

2. 果实

图2-44 水黄皮的叶和果实

8. 钝叶臭黄荆

钝叶臭黄荆是马鞭草科豆腐柴属攀缘状灌木，高1～2米；花序似伞状生于枝顶；果实球形，熟时变黑色（图2-45、图2-46）。钝叶臭黄荆多生长于海岸灌丛边缘或大潮可以淹及的海岸林林缘，也常在虾塘取水用的水沟中出现。山口红树林保护区与北仑河口红树林保护区较常见，其余天然海岸偶见。

图2-45 钝叶臭黄荆

图2-46　钝叶臭黄荆的果实

第三章　广西红树林生态系统的常见物种

优良的环境和充足的养分使红树林成为近岸海洋生物的“大都会”，我国红树林湿地记录的生物物种目前已超过3000种，其中传统食用的种类有近100种。在此，笔者只能略述广西沿海地区大街小巷常见的食用物种，希望读者在享受它们的鲜美之时能想起它们的红树林家园。此外，鸟类和昆虫也在红树林生态系统的平衡中发挥着重要作用。

一、餐桌上的红树林生物

（一）白骨壤果实

白骨壤果实在广西沿海俗称榄钱、揽钱、揽子。为什么取这样的名称，无从考究，大概是认为这种果实能给他们带来多子多财的吉祥吧（在白话里“榄”与“揽”同音，“揽”是“抱”的意思）。榄钱利尿且可以凉血败火、降血压、治重感冒甚至治痢疾，因此在北海一些中药铺有一味叫“榄钱”的中药。更让广西沿海本地人骄傲的是，红树林的果实还为他们打造了一道全世界独一无二的特色菜肴：车螺焖榄钱。

采摘榄钱有讲究，一定要挑选那些足够成熟（颗粒饱满且略带黄色）的果实，这样的果实肉多，苦涩感弱，易加工处理。在榄钱采摘季节，北海白虎头至冯家江、古城岭、下村一带每天有上百人采摘，还有人到海边集中收购新鲜的榄钱。2017年，北海市的榄钱批发价格为

14～24元/公斤，村民们每人每天可以采摘到上十公斤。

刚摘下的榄钱不可以直接食用，因为榄钱中的单宁含量较高，需要进行简单处理后才能拿到市场销售。将榄钱放入水中煮熟后，挑出果皮，然后浸泡在清水中，每隔几个小时换一次水，1～2天后即可拿到市场上销售。

“车螺焖榄钱”的主要食材是车螺，学名叫文蛤，是红树林常见贝类之一，也是沿海食客最爱的食材之一。据《本草纲目》记载，车螺“能治疮、疖肿毒，消积块，解酒毒”。食用车螺，有润五脏、止消渴、健脾胃、治赤目的功能。相传2000～3000年前，人们就开始食用车螺。清代乾隆皇帝下江南时在苏州吃到车螺，御封它为“天下第一鲜”。

洗干净的车螺需要在煮开的水中先焯一下水，待贝壳稍稍展开后捞出待用。随后，热油里放入蒜蓉、姜丝、葱花等配料，再倒入车螺炒至八成熟，再次盛出待用。热油里倒入榄钱，翻炒几次后加入车螺，再加入少许水、盐、酱油、鱼露等调味品慢火焖数分钟，一份原生态的沿海地区特色菜肴即可出锅上桌了（图3-1）。

1. 白骨壤果实

2.采摘白骨壤果实

3. 已经处理好的榄钱

4. 车螺焖榄钱

图3-1 白骨壤果实（榄钱）及菜品

（二）青蟹

青蟹又叫红蟳、膏蟹、和乐蟹、蝤蛑，属甲壳纲十足目短尾亚目梭子蟹科，分布于东南亚及澳大利亚、日本、印度、南非等国家的海域，在我国分布于浙江、福建、台湾、广东、广西和海南沿岸水域。河口红树林沼泽是青蟹最好的生长地，国外一些研究人员甚至认为“没有红树林就没有螃蟹”。红树林的野生青蟹价格比人工养殖的价格高一倍以上。

根据青蟹的习性、体态、觅食行为、性格及螯足花纹特点，可分为4个不同的品种，分别为拟穴青蟹（*Scylla paramamosain*）、锯缘青蟹（*S. serrata*）、紫螯青蟹（*S. tranquebarica*）和榄绿青蟹（*S. olivacea*）。广西最常见的青蟹为拟穴青蟹，背甲淡青绿色，在4种青蟹中个体最小，性格最温顺，对海水盐度变化适应力最强，是目前中国人工养殖规模最大的青蟹品种（图3–2）。

1.拟穴青蟹

2.菜品

图3–2　拟穴青蟹及菜品

青蟹背甲呈横椭圆形，背面隆起而光滑，呈青绿色；前额有4颗等大的齿，前侧缘含眼窝外齿共有9颗大齿，第四步足扁平特化成桨状游泳足，适于游泳。青蟹栖息于河口、内湾潮间带的泥滩或泥沙滩上，喜欢停留在滩涂水洼及岩石缝等处，一般是穴居或隐居生活，昼伏夜出。青蟹属于杂食性动物，不同生长阶段的食性有所差异，幼体偏于杂食，随着个体愈大愈趋向肉食性。在自然环境里，青蟹喜欢捕食一些贝类、小鱼、小虾、小蟹等，也常常摄食滩涂上的蠕虫、藻类、植物的茎叶碎片。青蟹一生共蜕壳13次（包括幼体变态蜕壳6次，生长蜕壳6次，生殖蜕壳1次）。蜕壳后，壳长会增加30%～40%，体重增加70%～100%。雄性青蟹性成熟年龄为5月龄，雌性青蟹为6月龄，繁殖季节为3～10月。青蟹耐干能力较强，离水后只要鳃腔里存有少量水分，鳃丝湿润，在18～25 ℃环境中可存活数天至数十天。

青蟹的肉质细嫩，味道鲜美甘甜，营养丰富，为筵席名菜，食用价值非常高，具滋补强身的功效；还可以入药，利水消肿，治小儿疝气、产后腹痛、乳汁不足，是中国珍贵的水产品之一。

（三）短指和尚蟹

短指和尚蟹（*Mictyris brevidactylus*），又名和尚蟹、兵蟹、海珍珠或海和尚，属甲壳纲十足目短尾亚目和尚蟹科，在我国广泛分布于福建、台湾、广东、广西和海南。短指和尚蟹平均体重约为2克，体色搭配醒目，步足细长，基部多呈红色，步足的腕节、掌节与螯足均呈白色，圆球状的甲壳呈蓝紫色，背甲呈球状如和尚头，因此有“和尚蟹”之称（图3-3）。短指和尚蟹生活在潮间带沙土的地道中，退潮时出来活动。从外观看雌雄之间没有明显差异，需将其腹部打开才能分辨。短指和尚蟹主要以沙泥中的有机质和藻类为食，它们通常会在退潮的时候成群结队聚集在一起行动，有时在地表觅食，有时也会藏身地表下，只露出双螯取食表层沙泥中的有机质和藻类，觅食活动结束后，地表会留下相当明显的松土堆。当遇到危险时，短指和尚蟹会迅速将身体侧立起来，一边用步足挖沙，一边转动身体，将自己逐渐埋入沙中，就像转螺丝钉一般。广西红树林海侧滩涂大部分为泥沙质、沙质，再加上红树林有机碎屑丰富，是短指和尚蟹的密集分布区。

短指和尚蟹是广西北海人用于制作沙蟹汁的重要原材料，沙蟹汁完全是“生”的，制作过程中没有加热煮熟的步骤，因此沙蟹汁带有一股腥味，但吃起来却很香，深受本地人欢迎，是一道地地道道的北海特色蘸酱，经《舌尖上的中国2》报道之后，更广为人知。用短指和尚蟹制作的沙蟹汁具有开胃、降脂解腻的作用，具有一定的食用和药用开发价值。

图3-3　短指和尚蟹

（四）弹涂鱼

弹涂鱼，俗称跳跳鱼、跳狗鱼，是一种水中善游、陆上会爬的两栖鱼类。弹涂鱼身形小巧，体长约10厘米。背鳍展开，就像京剧武生背上的靠旗，威风凛凛；尾鳍一摆，动若脱兔，跳似弹簧。一双忽闪忽闪的大眼睛长在额头上，像潜望镜，身隐水下仍可眼观六路（图3-4）。

图3-4　大弹涂鱼

弹涂鱼属于辐鳍鱼纲鲈形目鰕虎鱼科弹涂鱼属或青弹涂鱼属，常见的有弹涂鱼（*Periophthalmus modestus*）、大弹涂鱼（*Boleophthalmus pectinirostris*）、青弹涂鱼（*Scartelaos histophorus*）、大青弹涂鱼（*S. gigas*）。其“家族”虽不大，可海内外的“兄弟姊妹”多，遍布亚洲、非洲及澳大利亚的海岸。它们喜欢生活在海边泥滩，红树林滩涂更是它们钟情的地方，那里有它们享之不尽的美食：底栖硅藻、蓝绿藻、小鱼、小虾、小蟹等。在大快朵颐中潮涨潮落，好不快活，但危机无时不在。涨潮时，那些乘潮而来的鱼、虾、蟹中有不少狠角色，不好惹，退避三舍方为上策；退潮时，泥滩一览无遗，红树林中饥肠辘辘的鸟儿可不得不防。好在泥滩钻穴方便，弹涂鱼又是杰出的“打洞工程师”，在泥滩上把自己的安身之穴打造得既舒服又安全，一旦遇到敌害便可钻到洞里避险。弹涂鱼的穴有两个洞口，一个用于进出，一个用于呼吸。

弹涂鱼的两栖本领，是其自海洋向陆地进化的产物，表现在其形态上的特殊构造和机能上的特殊适应性，使弹涂鱼成为会游、会拐、会爬、会蹦的多能两栖明星，在离开水时还能靠鳃和皮肤呼吸。每到求偶季节，雄鱼会卖力地跳舞，直到把雌鱼吸引到穴中并用泥块盖好洞口，然后在温柔乡中孵育后代。弹涂鱼生长速度较快，只需1~2年就可成熟，但寿命仅7年左右。

弹涂鱼肉质细嫩，属美味海鲜，其烹调方法多样，可氽汤、油炸、红焖等，尤以汤色乳白、味道鲜美而广受食客赞美。

捕获弹涂鱼的方法多样，常见的有使用篾笼、竹筒和吊网的诱捕法、钓捕法、挖捕法。另外，人工养殖弹涂鱼也常见于沿海地区，通过在泥底池塘中放养鱼苗和培育鱼饵来实现。

（五）蓝子鱼

广西常见的蓝子鱼多为褐蓝子鱼（*Siganus fuscescens*），俗称泥蜢、乌痣婆，是辐鳍鱼纲鲈形目蓝子鱼科蓝子鱼属的一个种。褐蓝子鱼体长可达40厘米；体侧上褐绿色，下银白色，杂以白色微带浅蓝色的圆斑；体色可变，受惊吓时变成暗棕色、灰棕色和白色交杂。褐蓝子鱼的鳍刺硬而锋利，鳍棘有侧沟，会分泌毒液，人被刺伤会导致剧痛（图3–5）。

图3–5　褐蓝子鱼

褐蓝子鱼为广盐广温种，是植食性为主的杂食性鱼类，喜食海藻、海草、浮游生物和附着物；广泛分布于印度洋和太平洋海域，喜栖息于礁石、珊瑚、海草床、海藻中。涨潮时，褐蓝子鱼喜欢成群结队地进入红树林林缘水体和红树林大型潮沟中觅食。

褐蓝子鱼肉质紧实细腻，风味独特，无论清蒸、盐水煲、油炸还是椒盐煎等，皆鲜美可口，但鱼一定要新鲜，否则味道会大打折扣。褐蓝子鱼人工养殖已成功，可养殖于池塘或网箱中。

（六）金钱鱼

金钱鱼（*Scatophagus argus*），又名金鼓鱼，属鲈形目鲈亚目金钱鱼科金钱鱼属。金钱鱼属小型鱼类，在我国最大体长不过13厘米，但在热带（如斯里兰卡）其体长可达38厘米。金钱鱼为广盐性亚热带鱼类，在淡水、咸淡水、海水中皆能成活，遍布于印度洋—太平洋海域，西至科威特，东至斐济，北至日本南部，南至新喀里多尼亚。在我国，金钱鱼自东海南部至南海及北部湾均有分布，尤以台湾、广东及广西沿海常见，喜栖息于近岸岩礁和海藻丰茂的水域，频繁出没于红树林海域。

金钱鱼体形扁平，近圆形；体色棕绿色到银白色，具棕红色斑点（图3-6）。金钱鱼体色可变，饶有趣味，颇受观赏鱼饲养者青睐。金钱鱼背鳍的前10个鳍条有毒腺，人被刺伤可致剧痛甚至昏迷。被刺伤后热敷可缓解。

图3-6 金钱鱼

金钱鱼荤素通吃，属杂食性鱼类，沙蚕、虾、蟹、硅藻、有机碎屑、丝藻、浮游生物及昆虫等都是它们的美食。金钱鱼因其食腐特性被称为“清道夫”，从其拉丁属名*Scatophagus*便可知，希腊语skatos意为“粪便”，phagein 意为“吃”。

金钱鱼是海鲜中的美味，尤以清蒸和煲汤最受欢迎。

（七）可口革囊星虫

可口革囊星虫（*Phascolosoma esculenta*），俗称泥丁、泥虫、土钉和土笋等，是一种生长在海滩泥沙内的“大肉虫子”，外形像蚯蚓，既好吃又有营养，还有保健功效。常言道“山里有冬虫，海里有星虫”，体现了其极高的营养保健价值。

可口革囊星虫是星虫动物门革囊星虫纲革囊星虫科革囊星虫属的一个种。体形长圆筒状，体表淡黄色或棕色，长短粗细如香烟，体前端拖着一条细如火柴梗、伸缩自如的“尾巴”叫作吻，吻部全部伸出时可达体长的1倍以上。口在吻的最前端，肛门位于体前端背侧。可口革囊星虫是中国特有的物种，长江以南沿海省份均有分布，穴居于沿海江河入海处咸淡水交汇的滩涂，尤其喜欢生活在红树林林下滩涂的土壤中，以底栖硅藻和有机碎屑为食，潮水上涨淹过滩面时将吻部伸出洞口摄食，潮水退干即缩回洞中。可口革囊星虫蛋白质和不饱和脂肪酸含量高，含多种具有抗菌、抗疲劳、调节免疫功能及溶栓等作用的生物活性成分，食用价值高，有开发保健食品的潜能。可口革囊星虫目前已有人工养殖，但养殖规模不大，苗种人工繁育尚未能实现规模化生产，挖捕野生种苗数量有限（图3–7）。

在食用可口革囊星虫之前必须进行内脏捅洗，去除泥沙，即“捅泥丁”。可口革囊星虫是我国东南沿海居民非常喜食的美味佳肴，常见的烹饪方法有炒、蒸、炸和煮汤等（图3–8）。著名的厦门风味小吃“土

图3–7　挖掘可口革囊星虫

图3-8 可口革囊星虫的挖掘与广西烹饪方法

笋冻”，就是以可口革囊星虫为原料制作的。特别提醒，广东、广西部分地区有人喜爱生吃可口革囊星虫，鉴于近岸海洋污染日趋严重，生吃会导致感染寄生虫的风险增加，因此建议尽量不要生吃。由于市场需求量巨大，2018年，北海市场上未经捅洗的新鲜可口革囊星虫售价为120元／公斤，捅洗好的售价为240元／公斤，首次超过新鲜沙虫的价格。

可口革囊星虫可以改善红树林根部的氧气与养分循环条件，促进红树林的生长，是红树林生态系统的关键物种，而挖掘可口革囊星虫则会严重伤害红树林根系，导致林子稀疏化和矮化。

（八）青蛤

青蛤（*Cyclina sinensis*），俗称铁蛤、圆蛤、赤嘴仔等，广西沿海群众称之为红口螺。按照生物学分类，它是属于软体动物门瓣鳃纲帘蛤目帘蛤科的一种双壳贝类。青蛤成体大小为3～4厘米，两壳大小相等，壳呈膨大的圆形，壳内表面白色，壳外表面有许多以壳顶为中心的生长线。壳原本呈青铁色，含泥多的底质为黑色，放置一段时间变为淡黄色或棕红色；壳边缘多呈紫红色，红口螺即由此得名。

青蛤在我国分布很广，北到辽宁，南到广西、海南，全国的海边滩涂都有其身影，多生活在近高潮区及中潮区的泥沙中。青蛤喜欢在有淡水流入的河口附近栖息，由于这种跟红树林相似的特性，因此与红树林结下了缘分，在红树林滩涂外缘的泥沙滩中往往能见到它们的身影，并且其分布密度要比没有红树林的地方大很多（图3-9）。

图3-9 滩涂上的青蛤

青蛤肉味鲜美，营养丰富，含有人体所需的多种维生素和微量元素，是沿海群众喜爱的一种经济贝类，具有较高的经济价值。青蛤菜肴通常的做法有姜葱炒青蛤、辣炒青蛤、清蒸青蛤、青蛤萝卜汤等（图3-10）。除此之外，青蛤还具有很好的药用价值，是一种重要的海洋药物。近年的研究表明，青蛤外壳可用于治疗淋巴结结核、慢性气管炎、胃溃疡等多种疾病，其内脏提取物具有促进人体免疫细胞的应答反应、提高机体免疫力等作用。

1.青蛤

2.青蛤汤

图3-10 青蛤及其菜品

（九）褶牡蛎

褶牡蛎（*Crassostrea plicatula*），俗称海蛎子、蛎黄、蚝蛎仔，属于软体动物门瓣鳃纲珍珠贝目牡蛎科巨蛎属的一种，因外形皱褶较多而得名。贝壳较小，一般壳长2～4厘米。体形变化多端，大多呈长椭圆形或三角形，壳薄而脆，双壳大小不等。上壳平如盖，壳面有数层同心环状的鳞片，无放射肋；下壳甚凹，成帽状，具有粗壮的放射肋，鳞片层数较少；壳面多为淡黄色，杂有紫褐色或黑色条纹，壳内表面白色。

褶牡蛎的分布极广，在我国从南到北的海边沿岸均有分布。褶牡蛎栖息在涨潮时海水能淹没的高潮带礁石、树干或其他构筑物上，用下壳固定在基质上营固着生活，退潮时露出水面。褶牡蛎尤其喜欢附生在涨潮时能被海水淹没的红树林树干上（图3-11），因为红树林区有极其丰富的初级生产力，为褶牡蛎的生长提供了很好的饵料。褶牡蛎的天敌很少，因此在风浪较大环境下的红树林树干上的褶牡蛎分布数量相当大，可以用密密麻麻来形容。而褶牡蛎多的地方红树林不易生长，是判定滩涂是否适合红树林生长的一个重要指示生物。

褶牡蛎是美味佳肴，有“海洋牛奶”之称，每百克肉含蛋白质11.3克、脂肪2.3克，以及丰富的维生素、微量元素锌和降低血清胆固醇的物质（图3-12）。葱头焗牡蛎、牡蛎煎蛋、牡蛎芥菜煲等都是常见的做法。据说，常吃褶牡蛎还可以美容哦！

图3-11　红树林树干上的褶牡蛎

图3-12 采收的褶牡蛎及褶牡蛎肉

（十）红树蚬

红树蚬（*Geloina erosa*），在台湾称为“马蹄蛤”，在广西沿海俗称“牛屎螺”，属于软体动物门瓣鳃纲真瓣鳃目蚬科红树蚬属的一种双壳贝类。红树蚬成体大小约10厘米，属于大型蚬类。两壳大小相等，壳圆形，略成三角形；壳内面白色，因珍珠质光泽而略呈紫色；壳外表面生长纹较粗糙，上面常覆盖一层墨绿色类似青苔的物质，与牛屎颜色相似，因此而得名“牛屎螺”（图3-13）。

图3-13 红树蚬

红树蚬，顾名思义，就是与红树林相伴而生的蚬类，只要有红树林的地方，基本都能看到红树蚬，而没有红树林的地方，则很少见到它。

红树蚬多见于高潮带，分布密度从高潮位向低潮位递减，分布密度平均为1～2个／米^2，最大可达6～7个／米^2。红树蚬栖息于红树林下的泥滩中，底质为较松软的软泥、泥沙，栖息深度约10厘米，以浮游藻类和有机碎屑为食。

红树蚬可食用，是红树林周边村民赶海的主要渔获之一，是台湾地区民众喜爱的一种食材，但在福建、两广及海南地区，红树蚬的食用较少。尽管红树蚬目前经济价值不高，但具有较大的开发潜力。

（十一）石磺

石磺（*Onchidium* spp.），俗称土鸡、海蛤、海癞子、土海参、土鲍鱼等，是软体动物门腹足纲缩柄眼目石磺科石磺属的统称。石磺呈卵圆形或椭圆形，成体体长6厘米左右，体宽3.7厘米左右，平均体重14克，全身裸露无壳，体表呈青蓝色、灰色并夹杂绿色、褐色，其上密布瘤状和树枝状突起，外形酷似癞蛤蟆或土疙瘩。石磺因腹部像鲍鱼而背部像海参，故有“土海参”“土鲍鱼”的称谓。石磺与贝类、螺类是近亲，其壳已经退化成很多的钙质颗粒存在于肌肉之中。

石磺属于亚热带的腹足纲贝类，广泛分布于印度洋—太平洋沿岸的河口海域，国内则多分布于东海和南海。石磺常栖息于河口沿岸带的岩石、泥滩、芦苇丛和红树林的沼泽地中，湿润的水沟两侧或水线的边沿等地方也是其适宜的栖息场所。其栖息场所周围环境的底质为略带沙质松软的泥底。石磺洞穴口小而内宽，有的洞道弯曲，深度从几厘米到1米以上不等，其洞穴口及周围常常布满大量米粒状的粪便。石磺在夜间及阴雨天出洞活动频繁，聚集于埂边洼旁，晴天则入洞生活，具有较强的避光习性，也不喜过分潮湿。在阴暗的早晨容易采取石磺，而在晴朗的日子里则只见其米粒状粪便，难见其个体。石磺是用“肺”呼吸的肺螺类，不能适应水环境，未曾在水环境中发现过它的存在。

石磺可以食用，味道鲜美，也有很高的营养价值和较强的滋补功能（图3–14）。一些沿海地区民间流传石磺有治哮喘、助消化、消除疲劳、明目的功效，是产妇良好的滋补品。石磺汤汁中因存在一些活性物质而具有一定的抑制真菌的作用。目前有科学家正在研究如何从石磺中提取活性物质以用于提高人体的免疫力。

1.吸附在树上的石磺

2.海滩上的石磺

3.石磺菜品

图3–14　石磺及其菜品

（十二）中华乌塘鳢

中华乌塘鳢（*Bostrichthys sinensis*）属凶猛肉食性鱼类，仔鱼开口饵料为轮虫和桡足类幼体，仔鱼以轮虫、桡足类、枝角类、虾蟹无节幼体等为食，幼鱼、成鱼主要摄食小鱼、虾、蟹、水生昆虫等。中华乌塘鳢具有很强的离水靠鳃上器和湿润的体表皮肤进行气体交换的能力，离开水后只要身体保持湿润就可以存活1～2周。中华乌塘鳢十分生猛，是红树林区的“老虎鱼”，即便被切段下油锅，依然可看到其肌肉的顽强抽动。

中华乌塘鳢广泛分布于日本、泰国、斯里兰卡、印度、澳大利亚、马来西亚及中国的广西、广东、福建、浙江等地的河口、港湾，栖息于泥孔或洞穴中，红树林沼泽是其重要的栖息地。中华乌塘鳢退潮时潜伏在红树林淤泥洞穴内，涨潮时游弋于林下潮水中，专门攻击鱼、虾、蟹、贝，习性凶猛、狂野。

中华乌塘鳢肉质细腻、味道鲜美、营养丰富，具有健脑、强肾、提高免疫力的功效，可以做成药膳进行滋补，特别是对消除小儿疳积、促进伤口愈合有奇特的效果，深受人们喜爱，是我国东南沿海群众病后和术后康复的佳品（图3–15）。中华乌塘鳢历来价格不菲，据说在1973年，中华乌塘鳢在广西合浦的售价已高达14元／公斤。如今，野生的中华乌塘鳢在广西沿海的零售价在130元／公斤左右，在华东沿海则高达200元／公斤。我国品尝过中华乌塘鳢的人数不到全国人口的1‰，其滋补功效尚未被人们所熟悉，中华乌塘鳢的价格还有很大的上升空间。

1.中华乌塘鳢

2.中华乌塘鳢汤

3.豆豉蒸中华乌塘鳢

图3–15　中华乌塘鳢及其菜品

1991年，广西海洋研究所突破了中华乌塘鳢的人工繁殖技术难关，1992年开始了工厂化苗种生产。2010年，广西红树林研究中心发明了“地埋管道红树林鱼类原位生态养殖技术”，在全球范围内第一次实现了在红树林根部进行中华乌塘鳢生态养殖。

（十三）中国鲎

长相狰狞的中国鲎（*Tachypleus tridentatus*）体长约60厘米，背部拱起，腹面平整，身后拖着长剑尾，形状略似倒扣的瓢（图3-16）。鲎在地球上生活了5亿年之久而形态上变化甚微，它与三叶虫是同一个期纪的动物，比恐龙还要早出现在地球上，因此有“活化石”之称。鲎因为背甲如马蹄形，故英文称之为“*horseshoe crab*（马蹄蟹）”。世界上现存鲎有4种，分别是分布在美洲大陆的美洲鲎（*Limulus polyphemus*），分布在亚洲地区的中国鲎、南方鲎（*T. gigas*）、圆尾鲎（*Carcinoscorpius rotundicauda*）。中国鲎跟南方鲎多生活于沙地，圆尾鲎则生活于红树林的泥滩地。广西是中国鲎的重要栖息地。

图3-16　中国鲎

中国鲎一般要生长12年以上才成年，成年的鲎生活在水深20 ~ 30米的近海，可幼年鲎在出生后的头3 ~ 5年是在红树林滩涂和附近的海草床度过的，红树林滩涂及红树林海侧沙滩是它们最好的“幼儿园”。红树林滩涂环境一旦遭受破坏和干扰，近海中的鲎数量必定减少，这也是近30年来中国鲎的数量在我国下降90%以上的一个重要原因，另外一个原因是大量非法捕捞。

鲎肉和鲎籽味道鲜美，可作餐桌上的佳肴。中国鲎常在春夏季雌雄成对地到海滩上交配产卵，人们常看见其“形影不离”的样子，因此有“夫妻鱼”之称。中国鲎是爱情的象征，繁殖季节它们会成双成对地出现在滩涂上，感情十分专一。中国鲎还用它的鲜血守护着人类的健康。鲎的血液呈蓝色，血液中的变形细胞会对细菌产生的内毒素发生灵敏的凝结反应，于是科学家研发了鲎试剂，能便捷地检测食品、医疗药剂和人体注射剂是否受到污染，确保医疗制剂的品质。据报道，在美国有800多种医疗制剂必须经过鲎试剂检验后才能上市，目前尚没有鲎试剂的有效替代品。可以说，保护红树林湿地就是保护鲎，保护鲎就是保护人类自身，5亿多年的古老物种用自己的血液造福了今天的人类。

二、广西红树林鸟类

（一）广西红树林鸟类概况

鸟是脊椎动物中最繁盛、分布最广的一类，无论南极北极、高山大洋还是沙漠草原，都有它们的踪迹。鸟类担负着种子传播及营养输送，参与生态系统能量流动和物质循环的责任，对维持生态系统的稳定起到重要作用。乱捕滥猎、栖息地减少等因素使鸟类的数量大幅减少。然而，鸟类是生态系统的重要成员，是大自然留给人类的宝贵财富，我们理应保护好。

广西红树林中栖息的鸟类共记录有约370种（图3–17至图3–20），占广西鸟类总数的40%左右。其中，被列入《国家重点保护野生动物名录》的鸟类有54种：属于国家一级重点保护野生动物的有黑鹳、中华秋沙鸭、白肩雕；属于国家二级重点保护野生动物的有黑脸琵鹭、黄嘴白鹭、岩鹭、小青脚鹬等51种。

图3–17 白腹鹞

图3–18 黑翅长脚鹬

图3-19　金斑鸻

图3-20　绿头鸭

红树林到底有什么魔力，能够吸引如此多鸟儿来此栖息生活呢？现在看来至少有食物、筑巢、歇息三个方面的原因。

1. 食物种类丰富，数量充足

人们常说“鸟为食亡”，可见食物对鸟类的重要性。连片分布的郁郁葱葱的红树林，为众多鸟类提供了多种多样直接或间接的食物。可能是由于红树植物全身富含单宁等生物碱性物质，大多数鸟类都不能直接食用红树植物的叶子和果实。但当红树植物开花时，会吸引大量食蜜鸟类来此大快朵颐，如暗绿绣眼鸟、叉尾太阳鸟等。而通过食物链，间接利用红树林获得食物的鸟类就更多了。比如，大量的昆虫繁衍生息在枝繁叶茂的红树林中，喜食昆虫的鸟儿当然不会放过这片食物充足的风水宝地，因此大量的林鸟会活动在红树林中。这些食虫鸟类既包括本地的留鸟，也包括行色匆匆的候鸟，如鹊鸲、栗喉蜂虎、棕背伯劳、纯色鹪莺、白鹡鸰、黄鹡鸰等。此外，红树林凋落的枝叶供养着大量的底栖动物，如各种软体动物、节肢动物、环节动物等，这些底栖动物吸引了大量的水鸟来此“淘宝”，数量较多的有各种鹭类、鸻鹬类和鸥类（图3–21）。

图3–21 在红树林觅食的白鹭群

2. 筑巢地

除食物外，高大的红树林还为部分鸟类提供了筑巢地。由于种种原因，广西滨海原生植被大多被破坏殆尽，因此生长于水陆交错带的红树林成了鸟类的最后一片净土。这里有唾手可得的食物，加上红树林生长的滩涂泥泞难行，人迹罕至，因此部分鸟类看中了这块宝地，将自己的家安置在此。尤其是各种鹭类，它们就地取材，选择红树林的枝条为建筑材料，三下五除二就可以搭建一个温暖的小窝。鸟类在这里筑巢，在这里求偶交配，在这里哺育后代，在这里繁衍生息，红树林不单是它们的觅食之地，还是它们赖以生存的家（图3-22）。

图3-22　在红树林发现的鸟巢

3. 停歇地

部分连片的红树林还是一些鸟类的夜宿地和高潮停歇地。部分留鸟和候鸟，尤其是鹭类和鸻鹬类水鸟，在夜晚或潮位较高时需要一个安全的停歇地。红树林紧邻这些鸟类的觅食地，而且僻静安全，于是各种鹭类都会把红树林作为高潮停歇地或夜宿地的不二之选。每当夜幕来临，晚归的白鹭、夜鹭、大白鹭、池鹭等就会成群结队地在红树林上方翱翔，寻觅合适的歇脚之地。在广西部分红树林生长茂密、连片面积较大的区域，夜晚集群的鹭类和鸻鹬类多时可达上千只（图3-23）。

图3-23　夜宿于红树林的鹭类

（二）广西红树林中的珍稀鸟类

1. 黑脸琵鹭

黑脸琵鹭（*Platalea minor*）是中等体形的涉禽，属于鹳形目鹮科琵鹭亚科，又名小琵鹭、黑面鹭、黑琵鹭、琵琶嘴鹭，俗称饭匙鸟、黑面勺嘴，台湾赏鸟人士则称之为“黑琵”，因其扁平如汤匙状的长嘴与中国乐器琵琶极为相似而得名（图3-24）。黑脸琵鹭飞行时姿态优美而平缓，颈部和腿部伸直，有节奏地缓慢拍打着翅膀，仿佛正在舞蹈，又被称为“黑面天使”或“黑面舞者”。黑脸琵鹭数量非常稀少，是仅次于朱鹮的第二种最濒危的水禽，全球数量不足5000只，国际自然资源物种保护联盟和国际鸟类保护委员会将其列入濒危物种红皮书。在中国它属于国家二级重点保护野生动物。

黑脸琵鹭数量稀少、种群濒危，既有内因又有外因。内因是黑脸琵鹭选择繁殖地极为苛刻，与近亲白鹭、牛背鹭之类的鸟儿相比，黑脸琵鹭很少在广阔的内陆繁殖，只选择在人迹罕至的离岛上。离岛面积较小，数量不多，限制了黑脸琵鹭种群增长。外因是人类滨海活动增加，如滨海滩涂的挖垦，对其迁徙、越冬地的侵扰越来越多，导致鸟类栖息地生境发生极大变化。适宜栖息地的减少影响了黑脸琵鹭的觅食和繁殖。

广西位于中国大陆架最南端，每年黑脸琵鹭都姗姗来迟，人们往往要到12月才有机会一览北方来客的身影。根据最近20年的观察，黑脸琵鹭在北海、钦州、防城港三市均有记录，主要分布在北海山口红树林保护区、北海国家级滨海湿地公园、防城港北仑河口保护区等几个生态环境较好、人为干扰较少的区域。近年来，由于北海、钦州、防城港三个滨海城市工业和居民区的发展，大量鱼塘和虾塘被占用，减少了黑脸琵鹭的食物来源，对它们的生存造成极大影响。同时，偷猎盗猎现象在广西仍然存在，各种捕鸟网、猎枪、捕兽夹、灯光诱捕等，对黑脸琵鹭的生存构成了严重的威胁。

图3-24　黑脸琵鹭

2. 勺嘴鹬

勺嘴鹬（*Eurynorhynchus pygmeus*）为鹬科勺嘴鹬属的鸟类，是一种仅分布于东亚—澳大利亚候鸟迁徙路线上的涉禽。勺嘴鹬体长约15

厘米，比大家熟悉的麻雀大不了多少。和大多数生活在沿海滩涂上的鸻鹬类水鸟相似，勺嘴鹬的颜色以黑灰白为主，平淡无奇的羽色似乎并不起眼，但嘴前端扁平膨大呈铲状，让勺嘴鹬在众多鸻鹬类水鸟中别具一格，非常容易识别（图3–25）。

图3–25 勺嘴鹬

勺嘴鹬在繁殖期以外的时期仅在滨海滩涂湿地分布，几乎从不深入到内陆水域。勺嘴鹬喜欢和三趾滨鹬、红颈滨鹬、环颈鸻、铁嘴沙鸻等小型鸻鹬类一起集群觅食，主要觅食地为潮间带滩涂，极少到其他类型的栖息地活动觅食。它们主要以滩涂上的双壳类、多毛类、甲壳类、腹足类底栖动物为食。勺嘴鹬在觅食时和其他鸻鹬类并没有太大的差别，也是频繁地将宽阔的嘴巴插到水中，头左右摆动，仔细探试水中的各种小型生物，一有收获就将嘴巴提出水面，大快朵颐，然后又贪婪地继续左右搜索，忙碌不停。勺嘴鹬的取食方式和红颈滨鹬、三趾滨鹬几乎一模一样，因此它那奇特的“勺子嘴”的具体作用是什么，还是个有趣的未解之谜。当潮水淹没滩涂时，勺嘴鹬喜欢和红颈滨鹬、环颈鸻、铁嘴沙鸻等集群飞到海边废弃虾塘等裸地上停歇，耐心等待潮水退去。

在过去40年间，勺嘴鹬的种群数量逐步减少，在20世纪70年代种群数量尚有5000只左右，到21世纪初种群数量下降到仅有1000只，而2015年种群数量又进一步下降到360～500只。广西海岸线绵长，红树林、海草床等生态系统类型丰富，为勺嘴鹬提供了广阔的觅食休憩的场所。近年来在北海、钦州、防城港三地均有勺嘴鹬的记录。其中北海地区的记录较为稳定，自2012年5月以来，每年11月至翌年5月均能在北海大冠沙地区稳定观察记录到勺嘴鹬；钦州唯一的一笔记录为2011年11月在钦州犀牛角镇附近的盐田中观察到勺嘴鹬；而防城港的北仑河口保护区自2014年以来，连续多年记录到勺嘴鹬在保护区内越冬。虽然勺嘴鹬在广西北海、钦州、防城港三市均有记录，但几乎所有的目击记录均为单只出现。滩涂湿地的围垦、商业开发等导致湿地面积减少，非法网捕、诱捕等盗猎行为，环境污染导致食物资源减少，以及在近海滩涂围网、耙螺等人类干扰活动对勺嘴鹬的生存造成了极大的影响，导致勺嘴鹬种群岌岌可危。有些悲观的预测认为，勺嘴鹬可能会在5～10年内灭绝。近年来数量日渐稀少的勺嘴鹬引起了世界很多爱鸟人士的关注，大家做了很多尝试，努力避免这种珍稀鸟类走向灭亡。

3. 黄嘴白鹭

黄嘴白鹭（*Egretta eulophotes*）又名唐白鹭、史温侯白鹭，它们雌雄同型，羽毛颜色相似，因此很难通过外表分辨雌雄。在非繁殖季节，黄嘴白鹭外表平淡无奇，和自己的“表兄弟”白鹭、中白鹭之类非常相似：全身羽毛白色，嘴巴的颜色颇为黯淡，从黄绿色到黑色都有，眼睛前面的眼先也是黄绿色，跗趾为黑色，长长的脚趾为黄色，像是套了一双黄丝袜（图3-26）。而一旦到了繁殖季节，黄嘴白鹭就会旧貌换新颜，瞬间变得魅力四射。头顶到后枕长出多枚细长白羽，这些羽毛长短不一，高高地耸立在头部，像是戴上凤冠，背部、两肩也长出细长婀娜的羽毛，这些羽毛一直延伸至尾部，下颈饰羽呈长尖形，覆盖胸部。这些只有在繁殖季节才会长出的羽毛，像一件婚纱，将黄嘴白鹭打扮得分外靓丽多彩。而为了和这身婚纱搭配，黄嘴白鹭还要“精心梳妆”“抹粉施脂”，将原本略显黯淡的长喙饰以鲜黄色，眼先也变成了迷人的宝石蓝色，灰黑色的长腿则变成油黑色，脚趾也分外的明黄。

由于黄嘴白鹭与白鹭、中白鹭、大白鹭这些近亲长相非常接近，且分布范围相对有限，因此黄嘴白鹭一直“深藏闺中无人识”。直到

19世纪60年代，英国鸟类学家史温侯（Robert Swinhoe）在厦门观察到一种白鹭，与常见的小白鹭略有差异，获取标本后将之命名为“中国白鹭”，黄嘴白鹭才为世界所知晓。

图3-26　黄嘴白鹭

由于黄嘴白鹭的食物来源于海岸及浅海湿地，几乎所有食物都是海产品，加上主要繁殖地在近海无人小岛，少量繁殖于滨海区域，因此只有在东亚、东南亚的沿海区域才能一睹黄嘴白鹭的风采。它们主要在朝鲜西部沿海岛屿及中国东部、辽东半岛部分岛屿繁殖。

在广西沿海区域，自有资料记载以来均有黄嘴白鹭的记录。但长期以来一直以为黄嘴白鹭在广西仅为候鸟，没有具体的繁殖记录。直到2002年，叶芬、黄承明等人才在防城港鲤鱼江万鹤山记录到黄嘴白鹭在广西的繁殖，后来陆续在防城港红沙万鹤山、北海山口保护区内记录到黄嘴白鹭的繁殖。然而，由于鹭类有定期抛弃旧繁殖地、开辟新繁殖地的习性，原有的几个繁殖地逐渐被废弃，以上几个地方现在已经很难见到黄嘴白鹭繁殖的迹象。幸好广西位于黄嘴白鹭迁徙路线上，每年春秋两季，沿海的北海、钦州、防城港一带仍有机会见到黄嘴白鹭。

（三）广西红树林在全球鸟类迁徙中的重要性

鸟类是自然界中飞行的精灵，是自然环境质量的指示物种。生态环境发生了些细微变化，鸟类就会凭借它们灵敏的感觉器官探查到，加之其生有一对轻盈的翅膀，来去自由，因此在鸟类的字典里没有“忍辱负重”一词，一旦环境发生细微变化，它们就会及时利用翅膀做出反应。

每当北方秋风萧瑟、寒气袭来时，大量的候鸟就匆匆踏上迁徙的旅程。目前，候鸟迁徙经我国的路线分为东部、中部、西部3条：东部迁徙路线指的是在俄罗斯、日本、朝鲜半岛和我国东北、华北等地繁殖的鸟类，沿我国东部沿海地区迁徙往中南半岛、南洋群岛及澳大利亚；中部迁徙路线指的是在内蒙古东部、中部草原，华北西部和陕西地区繁殖的候鸟，向南进入华中、华南地区越冬；西部迁徙路线指的是在内蒙古西部、甘肃、青海、宁夏和新疆等地繁殖的候鸟，秋季向南迁飞，至四川盆地中部和云贵高原越冬。

广西沿海的红树林位于东部候鸟迁徙路线上，每年有数以百万计的候鸟迁徙经过，数量较多的有雀形目鸟类、鸻鹬类、鸥类等。根据调查，在广西沿海现有的171种水鸟中，在本地繁殖且不迁徙的留鸟仅有10种，其他161种鸟类都属于行色匆匆的候鸟。那么为什么大量的候鸟会选择在广西红树林区域内暂时停歇或在这里越冬呢？主要原因是广西北部湾沿海地区的生境很适宜水鸟的生存。

首先，广西北部湾地区地处海陆交错带，生境复杂且异质性高，沿海地带有大量各种类型的湿地，特别是分布着郁郁葱葱的红树林。以红树林为中心，与浅海、光滩及陆缘生境一道在陆地和海洋的交错区形成适宜鸟类栖息活动的空间，是鸟类优良的复合生境。广西北部湾沿海有南流江、北仑河、大风江等入海河流带来的泥沙和有机碎屑等物质，在入海处形成适宜红树林生长发育的土壤，沿海滩涂地形平缓利于红树林土壤的沉积，有利于红树林植被的生长和保持。沿海滩涂面积大，边缘效应产生高的生境异质性，净初级生产力高，可以为水鸟提供食物、停息以及营巢条件。周放等人对山口红树林区鸟类资源调查发现，红树林区滩涂的大型底栖动物有108种，平均生物量在7月为128.2克／米^2，12月为112.3克／米^2。此外，红树林区还包括丰富的昆虫和鱼类资源等。红树林区丰富的食物来源为这些鸟类的生存和迁徙中途停歇提供充足的能量供应，因此能吸引众多水鸟在这一带觅食、停息和繁殖。

其次，广西沿海的红树林都位于北热带，季节变化差异小，年积温高，降水量大，气温日较差和年较差变化幅度相对于其他高纬度地区小，气候适宜红树植物和大部分滨海植物生长。同时，本地区冬季比较温暖。良好的气候和食物条件，使这里成为众多候鸟适宜的迁徙停歇地和越冬地（图3–27、图3–28）。

图3–27 在广西红树林区发现的来自澳大利亚西海岸的铁嘴沙鸻

图3-28　在广西红树林区发现的来自我国渤海湾的三趾鹬

三、广西红树林昆虫

昆虫是红树林湿地生态系统中的重要成员，在红树林湿地生态系统中占有极其重要的地位。一方面它们是鸟类重要的食物来源，另一方面它们的数量又受到鸟类等天敌的控制而保持在一个相对平衡的位置，不至于某些害虫对红树植物造成严重危害。

蒋国芳通过对山口红树林保护区昆虫资源的4次调查，发现该地昆虫物种组成较丰富，一年内共有194种（含亚种）昆虫在该地区出现（图3-29、图3-30）。同时，其季节变化很明显，春季、夏季、秋季和冬季的昆虫物种数分别为69种、166种、94种和33种。春季的昆虫以双齿多刺蚁（*Polyrhachis dives*）、淡紫异色粉蝶（*Cepora nadina*）等占优势，夏季以黄猄蚁（*Oecophylla smaragdina*）、竹木蜂（*Xylocopa nasalis*）等占优势，秋季以黄猄蚁、白带黛眼蝶中泰亚种（*Lethe confusa apara*）等占优势，冬季则以小红瓢虫（*Rodolia pumila*）、花胫绿纹蝗（*Aiolopus tamulus*）等占优势。1995 ~ 1996年，蒋国芳在广西英罗港红树林区调查昆虫群落及其多样性，发现英罗港红树林昆虫种类有195种，主要优势种为黑褐举腹蚁（*Crematogaster rogenhoferi*）、东京弓背蚁（*Camponotus vitiosus*）和三种螟蛾。此后，蒋国芳又对钦州港红树林昆虫群落及生物多样性进行研究，调查发现的昆虫种类为7目16科19属20种，优势种为黑褐圆盾蚧（*Chrysomphalus aonidum*）、白囊袋蛾（*Chalioides kondonis*）和海滨伊蚊（*Aedes togoi*）。

1.直纹稻弄蝶
Parnara guttata

2.么纹稻弄蝶东亚亚种
Parnara naso bada

3.红星拟斑蛱蝶台湾亚种
Hestina assimilis formosana

4.蓖麻蛱蝶
Ariadne ariadne

5.黄襟蛱蝶
Cupha erymanthis

6.热带双尾蛱蝶
Polyura athamas

7.波纹眼蛱蝶
Junonia atlites

8.翠蓝眼蛱蝶
Junonia orithya

9.蓝灰蝶
Everes argiades

10.酢浆小灰蝶

Pseudozizeeria maha

11.紫泽银丝灰蝶台湾亚种

Spindasis lohita formosanus

12.菜粉蝶

Artogeia rapae

13.东方粉蝶

Artogeia canidia

14.细纹迁飞粉蝶指名亚种

Catopsilia pyranthe pyranthe

15.淡紫异色粉蝶山溪亚种

Cepora nadina cunama

16.斑凤蝶

Chilasa clytia

17.蓝带青凤蝶

Graphium sarpedon

18.达摩凤蝶

Papilio demoleus

19.统帅青凤蝶指名亚种

Graphium agamemnon

20.多斑青凤蝶

Graphium doson

21.巴黎凤蝶指名亚种

Papilio paris

图3-29 广西红树林区常见的蝴蝶种类

1.黑褐举腹蚁

Crematogaster rogenhoferi toga

2.聚纹双刺猛蚁

Diacamma rugosun

3.火蚁

Solenopsis geminata

4.横纹齿猛蚁

Odontoponera transversn

5.黄猄蚁

Oecophylla smaragdina

6.沃尔什氏铺道蚁

Tetramorium walshi

7.近缘盲切叶蚁

Pheidologeton diversus

8.双齿多刺蚁

Polyrhachis dives

9.相似铺道蚁

Tetramorium simillimon

10.双隆骨铺道蚁

Tetramorium bicarinatum

11.茸毛铺道蚁

Tetramorium lanuginosum

12.东方食植行军蚁

Dorylus orientalis

图3-30　广西红树林区常见的蚂蚁种类

第四章 广西红树林的困境

红树林生态系统如此重要，可为什么全世界的红树林还以每年高于1%的速率在消失？我国的红树林面积在1980～2000年的20年里也明显减少。调查评估发现，红树林减少的原因95%是受人类活动影响，主要包括围填海、污染、挖掘经济动物、林区放养畜禽、滨海天然陆生植被退化等。除人为破坏外，极度低温、海平面上升等异常气候也会影响红树林的生长。虫害和浒苔看似自然危害，但其背后的根源依然是不恰当的人类活动，只是表面上表现为自然影响。为了促淤造滩，增加沿海耕地供给，互花米草进入我国。因其超强的繁殖扩散能力，大面积抢占滩涂空间，对当地自然生态系统带来了巨大的负面影响。近20年来，为了快速营造海上“绿色长城”，外来速生红树植物成了我国增加红树林面积的主力军，其喧宾夺主的态势引起了大家的忧虑。

一、人为干扰

（一）围填海

红树林生长在风平浪静的滩涂，它的“宅基地”就是人们围海造陆的首选海区。

2000年全国红树林资源调查发现，1980～2000年，我国红树林面积减少了12923.7公顷，其中97.6%的红树林因为建塘养殖而消失。从省（区）看，1980～2000年，广西有1464.1公顷红树林被占用，95.0%用来修建虾塘（图4-1）；广东有7912.2公顷红树林消失，98.2%沦为虾塘；海南被毁红树林3325.9公顷，100%转变为虾塘。“908”专项全国海洋综合调查表明，1986～2008年，广西沿海有166个虾塘来源于红树林湿地，平均每个虾塘毁灭红树林2.64公顷，共造成438.91公顷的红树林消失（表4-1）。这一时期最典型的例子是闸口毁林事件。1999～2000年，广西合浦县闸口镇大肆围垦红树林滩涂进行海水养殖，毁灭红树林（包括宜林滩涂）合计高达133.4公顷，成为国家环保局公布的2000年中国十大环境破坏重大事件之一。尽管在评估围填海破坏红树林面积时所采取的方法不同、数据精度不同，但都不可否认这样一个事实：围填海是我国红树林面积减少的最直接原因。如今，“虾塘—海堤—红树林”已成为中国红树林海岸的主要景观类型。

图4-1　广西毁林修建的虾塘

表4-1 1986～2008年广西沿海将红树林滩涂转变为虾塘的基本情况

行政区	红树林损失面积（公顷）	虾塘数量（个）	每个虾塘毁灭红树林的平均面积（公顷）
北海市	49.76	15	3.32
钦州市	120.09	53	2.27
防城港市	269.06	98	2.75
合计	438.91	166	2.64

我国曾经以修建长城而闻名于世，现在修建海堤也毫不含糊（图4-2）。1990年开始，我国围填海发展临海经济的活动方兴未艾，海堤人工岸线在我国大陆岸线所占比例在1990年为18%，2010年为61%，2015年达到80%。2015年陈宜瑜院士率领的“中国滨海湿地保护管理战略研究”项目组指出：在过去的半个世纪里，中国60%以上的天然沿海

图4-2 广西红树林海岸的海堤建设

湿地消失，包括73%的红树林和80%的珊瑚礁。1990～2008年，中国围垦的滨海湿地面积从8241平方公里增加到13380平方公里，占用了大量的红树林滩涂及宜林滩涂。国务院批准的2011～2020年全国沿海的围填海总规模为2469平方公里，其中有红树林分布的浙江为506平方公里、福建为333.5平方公里、海南为111.5平方公里、广西为161平方公里、广东为230平方公里，合计1342平方公里，是2013年中国红树林总面积的5.3倍，这对红树林及宜林滩涂保护造成了巨大压力。例如，2016年11月17日，中央环保广西督查组通报，"根据钦州滨海新城、北海铁山港东港区和龙港新区的建设规划，还将占用茅尾海和铁山港区域约595公顷的原生态红树林"。

碧海银滩也是绿水青山、金山银山。针对围填海乱象及其引发的一系列重大生态环境问题，2017年国家海洋局出台了《海岸线保护与利用管理办法》，在管理方式上确立了以自然岸线保有率目标为核心的倒逼机制，构筑岸线利用的生态红线，力求2020年全国自然岸线保有率不低于35%。党中央和习近平总书记对生态环境前所未有的重视，使长期以来得不到解决的围填海问题得到了根本性抑制，国家进而开始实施"蓝色海湾""南红北柳"等重大生态恢复与修复工程。

在规模化围填红树林滩涂已很难的今天，小规模、蚕食性砍伐红树林进行贝类和星虫养殖的活动必须引起我们高度警惕。如今，在广西沿海已出现一些群众在茂密的红树林中间砍伐一两亩（1亩≈667平方米）红树林来放养贝类和星虫的案例。这样的活动往往十分隐蔽，如果不借助无人机，护林员在沿岸不易察觉。这种蚕食性砍伐红树林的主要动因是近年海鲜价格的飙升及红树林良好的养殖环境。

（二）海区污染

近30年来，中国滨海湿地环境质量每况愈下已是不争的事实。养殖污染物分为污水和池塘底泥两大部分，前者直接排放入海，后者通过淋溶逐步排入大海。

1. 养殖污水

广西海洋环境监测中心站2013年7月的报告显示，2012年广西海水养殖排放污水的化学需氧量（COD）高达11654吨，占当年广西北部湾入海COD总量的18.9%，成为仅次于入海河流的第二大污染源。笔者的一个专项研究表明，2014年，广西入海污染源中，入海河流占总量的86.74%，生活污水占总量的6.73%，陆基海水养殖占总量的5.31%，工业、种植、畜禽、船舶合计占总量的1.22%；入海污染物包括亚硝酸盐、氨盐、硝酸盐、磷酸盐、总磷、总氮、硫化物、油类、铜、铅、锌、镉、铬、汞和砷。

2. 养殖池塘底泥

养殖池塘的底泥是一种容易被忽视的重要污染源。测定结果显示，养殖池塘底泥的硫化物、总氮、有机碳和总磷含量分别是附近自然潮滩土壤的116倍、34倍、14倍和7倍。这些恶臭的底泥绝大部分不直接排入大海，而是被抽或排到附近的排水沟，然后随潮汐和暴雨逐步流入近海，其绝对量长期以来没有得到有效评估。

尽管养殖污染量在入海污染物总量中占很小的比例，可我们忽视了它排放的时空特征。陆基养殖水体排放集中在每年1～2次的清塘期，这期间海水中污染物浓度是自然海水的数十倍，具有明显的时间性，往往成为生态灾难的导火索。例如，海区养殖污染在放养家鸭、沿岸生猪养殖排污等的共同作用下，触发了2012年以来有孔团水虱（*Sphaeroma terebrans*）和光背团水虱（*S. retrolaeve*）的暴发，导致海南和广西一些地方成熟红树林连片死亡。再如，近年来冬季广西沿海浒苔和大型藻类的疯长也与海区养殖污染有关。2004年，全国白骨壤林首次遭受广州小斑螟（*Oligochroa cantonella*）的全面攻击，以后几乎年年都出现区域性虫灾。在广西的一些河口，富营养化的水体使海岸藤本植物三叶鱼藤疯长，爬满红树林的林冠，阻断阳光，成为红树林的“空中杀手”，影响红树林的生长。2005年广西廉州湾红树林尚没有成片三叶鱼藤生长，到2012年三叶鱼藤斑块达到180个，总面积约6.7公顷。

总之，污染已成为虫害、团水虱、浒苔、三叶鱼藤等直接危害红树林的背后原因。

（三）挖掘泥丁

泥丁是可口革囊星虫的俗称，北至浙江，南到海南，它都是大受欢迎的海鲜食材。红树林滩涂是泥丁的重要生长地，退潮后深入红树林挖掘泥丁的群众络绎不绝，即使是在有明文禁止挖掘的自然保护区、滨海湿地公园和海洋公园也难以杜绝入侵者。由于挖掘泥丁是沿海群众的传统赶海方式，因此管理起来难度极大。

室内模拟实验显示，人为挖掘泥丁的行为对白骨壤幼苗生长的影响顺序为：挖掘深度＞围绕幼苗四周的弧度＞频率频度。当挖掘深度小于5厘米、围绕幼苗四周的弧度小于240°、每月2次以下时，对幼苗的伤害较轻，而挖掘深度大于5厘米则会对幼苗造成严重影响。表土以下5～25厘米是泥丁的主要分布土层，因此实际挖掘深度基本上都超过5厘米，对红树植物尤其是其幼苗、幼树的影响可想而知。

植物根系在反复挖掘活动中受伤，导致整个群落营养不良，极大地妨碍了群落的生长发育。挖掘和人为踩踏危害林区红树植物的表面根、幼苗、繁殖体库，使红树植物群落更新困难。在挖掘时将整个植株根系挖断，导致植株死亡的现象也很普遍。

高手在民间，养殖业也是如此。在泥丁价格几乎一年翻番的今天，浙江及广东湛江、广西防城港已经有少数群众利用池塘进行人工集约化养殖（图4–3），据介绍效益好得似暴利。遗憾的是，泥丁集约化养殖也存在三方面问题。第一，目前人工养殖所需的泥丁苗种基本上为野生小泥丁，人工苗极少，这会在更大的范围内强化人为挖掘活动，给红树林保护造成更大的压力。第二，泥丁集约化养殖必须施用鸡粪等富氮有机肥，在高温季节养殖场往往臭气熏天。此外，泥丁集约化养殖也需要用农药控制病害。第三，泥丁集约化养殖必须周期性进排海水，以创造泥丁生长所需要的潮间带水淹条件。这样一来，有机污染物和农药将不断排放到近海，严重影响近海生态环境。如何平衡泥丁集约化养殖与环境保护之间的关系将成为又一道难题。

图4-3 泥丁集约化养殖场

（四）海鸭蛋之祸

放养在海岸滩涂和红树林滩涂上的家鸭在广西被称为“海鸭”，在海南叫作“咸水鸭”，它们生的蛋叫作“海鸭蛋”。

曾几何时，海鸭蛋开始风靡海南和广西沿海，“烤海鸭蛋”成为北海特产，通过网络平台畅销全国。海鸭不但不吃红树林，还可以生产高质量的鸭蛋，于是养殖海鸭被不少人认为是“生态产业”“林下经济”，是利用当地资源优势发展特色产业的成功范例。笔者还记得，2002年新华网广西频道曾经配图报道：“红树林哺育出钦南区新一代

‘生态型海鸭蛋’”“钦州海鸭蛋已跨过长江、黄河，走出国门，成为畅销农产品”“钦南区目前已有养鸭专业户1000多户，海鸭93万羽，每年直接、间接经济效益超亿元”。可谁也没有想到，海鸭无意之中成为破坏红树林生态系统的罪魁祸首。

2012年8月，媒体发布海南东寨港红树林自然保护区团水虱大暴发，大片红树林受害死亡，这是中国首个团水虱致红树林死亡事例。2013年10月，环保志愿者发现广西北海市草头村有红树林因团水虱死亡现象。2014年1月，又有报道称广西北海银滩红树林受绿藻和团水虱双重侵害，导致白骨壤大量死亡。通过调查，这些生态事件都将矛头指向了海鸭养殖和滨海生猪养殖（图4–4）。

图4–4　放养在红树林区的海鸭

2014年，研究人员沿广西海岸线调查了高潮线向陆1000米以内的滨海畜禽养殖情况，记录了87家（防城港2家、钦州17家、北海68家）养殖户的情况。这些养殖户共养殖畜禽28.57万头（只），其中肉鸭1.31万只，占总养殖数的4.59%；蛋鸭27.11万只，占总养殖数的94.89%；蛋鹅0.11万只，占总养殖数的0.38%；猪400余头，占总养殖数的0.14%。广西沿海畜禽养殖品种以蛋鸭为主，主要分布在南流江入海口附近海域，其次是钦州康熙岭附近海域。由于滨海地区交通困难，有的养殖地点可能被遗漏，因此调查数据肯定小于实际数量。此外，距离海边1000米以上的沿海地区还分布着许多大型牲畜养殖场，养殖污染物也会通过河流注入近海。

生物多样性是红树林得以健康生长、生态系统功能得以维持的保障。例如，林下的底栖动物可以改善红树林根际的氧气与养分供给，抑制有害生物的暴发。海鸭来到红树林区就宛如进入了天堂，成百上千只海鸭欢天喜地，用它们发达的嘴贪婪地搜索着滩涂里的一切海洋动物，摧毁了红树林底栖动物世界。此外，它们边吃边拉，随地排泄。笔者曾观察到一只成年海鸭半小时内可取食37只招潮蟹。理论上每只海鸭一年可排粪27.3公斤。

团水虱是一种海洋蛀木生物，是“海洋里的白蚁”，广泛存在于潮间带滩涂，一般不会造成生态灾难，有机污染是其泛滥的前提条件之一。研究人员观测到，双齿近相手蟹是捕食团水虱的能手。中国鲎喜食团水虱，在一个实验中，300只团水虱在4天时间内被2只中国鲎消灭干净。中华乌塘鳢也可以捕食团水虱。如果海鸭捕食了这些动物，就等于为团水虱扫除了天敌。

我国绝大多数红树林区都存在污染问题，但团水虱蛀死红树林的事件在2012年前没有报道过。在团水虱危害红树林事件中总能找到牲畜粪便污染的线索，因而研究人员推测，可能在天敌生物环节上存在团水虱暴发的触发开关。海鸭对红树林的影响主要表现在三个方面：首先，高密度放养海鸭会大量消耗滩涂底栖动物，消灭团水虱的天敌；其次，海鸭排便会直接污染红树林立地环境，可能启动迄今我们还不了解的生态开关，为团水虱暴增提供信号；最后，海鸭的摄食扰动会导致滩涂被侵蚀，扩大红树植物基茎受团水虱攻击的表面积。海鸭扮演了消减天敌、排放污染和扩大攻击面三个角色，是团水虱暴发的一个关键因素。

海南东寨港红树林自然保护区曾经是我国团水虱的重灾区，造成6～10米高海莲和木榄红树林成片死亡（图4–5）。2012年，东寨港国家级自然保护区有海鸭养殖场39个，养鸭数量达4.5万只以上。罗牛山股份有限公司10万头生猪养殖场离保护区的直线距离4000米，与红树林保护区有河道相连。此外，东寨港红树林周边分布着约1300公顷的高位池虾塘。为了保护海口的生态后花园，海口市人民政府痛下决心，花巨资清理了上述养殖场，如今保护区生态环境逐步好转。广西红树林团水虱危害目前集中分布在合浦县白沙镇那潭村及禾荣村、北海市高德垌尾村、北海市大冠沙冯家江入海口、防城港市竹山五七干堤等地。

图4-5　团水虱危害及人工清理死亡红树林的场景

沿海群众在红树林区放养少量海鸭对环境影响不大，高密度放养则另当别论。即便没有出现团水虱危害红树林的情况，在红树林区放养海鸭的行为也不值得鼓励，相反应该严控规模，加强管理，建立预警机制。

（五）滨海天然植被衰败

虽然引发红树林敌害生物暴发的原因是多方面的，但海区污染和海岸原生植被消失，单一树种人工林替代自然陆生植被被认为是重要原因。广西桉树人工林从2000年不足15万公顷发展到2016年的250万公顷，在取得巨大经济效益的同时，也引起了社会的担忧和专家的质疑。广西沿海种植桉树始于20世纪50年代。1986年广西滨海（高潮线以上1000米的海岸带）共有桉树约600公顷，2008年达到2.8万公顷，占广西滨海总面积的17.20%（图4–6）。与此同时，滨海绝大部分自然植被消失。

图4–6 广西滨海桉树林

自然植被衰败对红树林生态系统的影响可以概括为三个方面。首先，自然植被衰败使原先以种类丰富的滨海陆生植物为食的害虫不得不去啃食并不可口的红树植物（单宁苦涩）；而海岸原生植被的衰败摧毁了害虫天敌的栖息地，进一步触发了敌害生物猖獗的“扳机”。其次，由于桉树林地水体流失严重，内陆山体的泥沙会随河流注入北部湾，暴雨时广西河口区近岸1～2公里宽海域往往成为“黄河”，容易导致红树林和海草床中滤食性贝类的死亡。最后，良好的自然陆生植被是海岸渗透淡水和地下淡水的发源地，淡水的均匀输入和调节是红树林、海草及近岸许多海洋动物繁盛的重要前提条件，河口和近岸海域鱼多味美的道理亦是如此。大面积的桉树林和虾塘减少了地下淡水储量，而暴雨时桉树林汹涌的表面径流汇入近海，又会在短时间内使近海海水的盐度急剧下降到接近淡水，生物的应激反应不可避免。生物应激反应的代价要么是死亡，要么是耗费额外的能量，只能竭尽全力度过非常时期。

尽管以上观点仅仅是笔者在多年观察基础上的推测和总结，尚待科学观测和翔实数据的验证和支持，可又有多少重要发现和认识不是来自这样的推测和总结！

二、自然灾害

（一）极端低温

植物遇到突发极端气温会受到伤害，一般0℃以上的低温伤害称为寒害。红树植物都是嗜热种类，遇极端低温天气将遭受寒害。广西海岸带属北热带海洋性季风气候，根据气象资料记载，每8～10年一遇大寒潮天气，其中2008年遭遇50年一遇特大寒潮。该次寒潮为全程伴随降雨的持续性极端低温天气，广西海岸带日均气温低于10℃的天气长达22天，其中低于5℃的连续7天，强度极大。寒害后调查发现，该次寒潮对红树林的影响极为显著，红树、半红树植物出现花、果、叶脱落，枝条枯萎甚至植株死亡等现象。由于受北部地形地貌的影响，广西海岸带的气温呈哑铃状分布，东西两岸段较暖，中部较冷，故各岸段受害情况亦不相同。

根据2008年寒害调查结果（表4-2），广西乡土红树种类中秋茄和桐花树抵抗极端低温的能力最强，未受寒害，其中桐花树又略低于秋茄；木榄、白骨壤和海漆次之，受害Ⅰ级；榄李受害Ⅰ～Ⅱ级；红海榄抗低温的能力最弱，成树受害Ⅱ级，幼苗幼树受害Ⅴ级（图4-7）；老鼠簕、小花老鼠簕和卤蕨未记录。半红树植物除阔苞菊未记录外，其他种均受寒害，其中杨叶肖槿受害Ⅰ～Ⅱ级，其他为Ⅰ级。外来种无瓣海桑在东、中、西岸段分别受害Ⅰ、Ⅲ、Ⅱ级；拉关木无明显受害。

表4-2 2008年广西红树、半红树植物遭受寒害情况

植物名称		寒害等级	说明
红树植物	秋茄		无寒害
	木榄	Ⅰ	花果和部分叶子脱落
	红海榄	Ⅱ、Ⅴ	成树花、果脱落，水淹部位叶子和侧枝枯萎，受害Ⅱ级；四年生以下幼苗幼树枯死（涨潮时全株淹没），受害Ⅴ级
	榄李	Ⅰ~Ⅱ	叶子脱落，少量顶梢枯萎
	白骨壤	Ⅰ	顶梢幼枝枯萎
	桐花树		无寒害
	海漆	Ⅰ	部分叶子脱落
半红树植物	水黄皮	Ⅰ	部分顶梢枯萎
	黄槿	Ⅰ	90%以上叶子脱落
	杨叶肖槿	Ⅰ~Ⅱ	叶、幼枝和部分小枝枯萎
	银叶树	Ⅰ	二年生以下幼苗顶梢枯萎
	海杧果	Ⅰ	叶子脱落，少量顶梢枯萎
	苦郎树	Ⅰ	部分幼枝枯萎
	钝叶臭黄荆	Ⅰ	叶子脱落，部分顶梢枯萎
外来红树植物	无瓣海桑	Ⅰ~Ⅲ	东岸段，顶梢的叶子和枝条枯萎，受害Ⅰ级；中岸段，五年生植株全株叶子枯萎、主干枯死达1/3，受害Ⅲ级；西岸段，全株叶子、顶梢和侧枝枯萎。原产孟加拉国
	拉关木		无明显寒害。原产墨西哥

注：寒害等级参考吴中伦等1983年制定的寒害相形和五个等级为依据进行划分。Ⅰ级为顶梢挺拔或有轻度萎蔫（叶子枯黄或脱落），能恢复正常生长；Ⅱ级为主干顶部枯萎（包括侧生小枝顶部枯萎）；Ⅲ级为主干枯死达1/3（包括侧生小枝全部枯萎）；Ⅳ级为主干枯死达1/3至1/2（包括侧生中大枝枯萎），但能萌芽恢复生长；Ⅴ级为不能萌芽，全株枯死。

图4-7　2008年北海防护林场被冻死的红树幼苗

虽然广西沿海位于北热带，但引种热带红树植物树种的成功率和生长状况还比不上福建沿海和广东东海岸。究其原因，除广西少大型河口、土壤贫瘠外，最主要的就是“夏天热死，冬天冷死”。气温分布不均衡和极端气候条件，使热带树种很难在广西沿海度过10℃以下、持续一周以上的低温期。热带红树植物角果木从广西沿海消失很可能与此有关。2008年的特大寒害，使广西嗜热红树植物类群的扩展进程至少倒退了10年。

（二）海平面上升

理论上，红树林只能生长在海平面以上的潮间带滩涂，对水淹时间和水深条件有严格要求。有学者研究了2015年我国红树林的海岸线，认为我国红树林海岸中53%为养殖岸线，27%为填海岸线，自然岸线15%，其他岸线5%。养殖岸线和填海岸线都有海堤，也就是说我国80%的红树林属于堤前红树林。

在我国南海平均海平面每年升高2～3毫米的大背景下，涨潮时海堤前面的水越来越深，而钢筋水泥铸就的海堤挡住了红树林的后移之路，造成堤前红树林“前淹后堵”，前景堪忧。有部分学者认为，红树林促淤、提高滩涂高程的速率每年可达到厘米级，远远快于海平面上升的速率，因此红树林不仅不惧怕海平面的上升，反而可以抵御海平面上升带来的负面影响。在一定的时间尺度内，这种观点在一些岸线可能正确，而在另一些岸线未必成立。影响海岸潮间带淤积与侵蚀的因素非常复杂，短期看貌似正确的推论长期看可能是谬误。比如，连续10多年恢复良好的林子可能会在一次大台风中受到严重损毁，倒退回起始状态，功亏一篑。2003年的大台风，就使北海市大冠沙海岸线后退了约10米，滨海木麻黄成片树林被连根拔起（图4–8）。

图4–8　广西北海大冠沙海岸受到大台风的损毁（2003年）

海平面上升加剧了海岸侵蚀（图4–9），就连有“海岸卫士”美称的红树林也难以幸免。1993年，广西海洋研究所在林区修建了与滩涂齐平的养殖用圆形蓄水池，2001年该蓄水池已明显高出滩面，最高处与滩面的高差达40厘米，亦即滩面平均每年下降5厘米，白骨壤红树林的地下部根系暴露，群落衰败。

图4-9　广西红树林滩涂侵蚀（2001年）

广西山口国家级红树林生态自然保护区马鞍岭核心区的潮沟内，1993年以前存在一个约40米×15米的红树林小岛，岛上生长桐花树，平均树高约1.5米，群落覆盖度60%，群众常在岛上挖掘可口革囊星虫。此后，小岛受到明显的侵蚀，1997年前后红树林小岛消失。与此同时，红树林外约500米的海域开始发育水下沙坝，大约至2000年低潮时沙坝已暴露，如今已成为山口保护区的一个生态旅游景点。同一时期，马鞍岭的海岸侵蚀明显加剧，在1993～2009年的16年里海岸线后退了约25米。

2004年卫星遥感分析发现，1980年以来防城港市企沙半岛沙螺寮海岸受海浪侵蚀的陆地面积达0.31平方公里，受侵蚀的海岸线长达3737.84米，其中南端海进最大距离为113米，北端海进最大距离为122米。防城港市港口区企沙镇簕山古渔村是广西侵蚀海岸的典型代表，2005年还顽强生长着几株广西最古老的半红树植物银叶树（图4-10）。根据银叶树的生长习性，基本上可以判断此处海岸已退缩约50米。遗憾的是，当地干部群众不了解这一特殊侵蚀海岸痕迹的科学价值和独特海岸地貌的旅游价值，在它的外围修建了毫无美学价值的“海岸长城”和停车场。

图4-10 广西防城港簕山古渔村侵蚀海岸的半红树植物银叶树（2005年）

（三）红树林虫害

2004年，我国白骨壤林首次遭受广州小斑螟的全面攻击，此后几乎年年都出现区域性虫灾。近年来，成灾害虫种数有由单种向多种发展的趋势。以广西北仑河口自然保护区为例，其白骨壤红树林在2004年和2006年都遭受广州小斑螟的规模性攻击；2015年9~11月，受柚木肖弄蝶夜蛾（*Hyblaea puera*）的攻击，受害面积约87公顷（全广西成灾面积在270公顷以上）；2016年5月，受广州小斑螟攻击，受害面积约67公顷，同年8~9月又受柚木肖弄蝶夜蛾攻击，受害面积约87公顷。我国沿海虫害程度最高、受害范围最广的红树植物是桐花树。

危害广西红树林的害虫种类共有37种，隶属18科27属，其中主要害虫有20种，次要害虫有17种（表4-3）。这里简要介绍几种主要害虫。

表4-3 广西红树林害虫种类

序号	种类	害虫名称	取食部位	红树植物寄主
1	主要害虫	广州小斑螟 *Oligochroa cantonella*	叶、芽、嫩茎、果实	白骨壤
2		柚木肖弄蝶夜蛾 *Hyblaea puera*	叶、嫩枝、果实	白骨壤
3		星天牛 *Anoplophora chinensis*	枝干	无瓣海桑

续表

序号	种类	害虫名称	取食部位	红树植物寄主
4	主要害虫	柑橘长卷蛾 *Homona coffearia*	叶	桐花树
5		荔枝异形小卷蛾 *Cryptophlebia ombrodelta*	幼苗枝干	木榄
6		白缘蛀果斑螟 *Assara albicostalis*	幼苗枝干	木榄
7		白骨壤蛀果螟 *Dichocrocis* sp.	果实	白骨壤
8		毛颚小卷蛾 *Lasiognatha mormopa*	叶	桐花树
9		蜡彩袋蛾 *Chalin larminati*	叶片	白骨壤、桐花树、秋茄、木榄、红海榄
10		小袋蛾 *Acanthopsyche suberallbata*	叶、茎	白骨壤、桐花树、秋茄
11		白囊袋蛾 *Chalioides kondonis*	叶、茎	桐花树、秋茄、无瓣海桑
12		褐袋蛾 *Mahasena colona*	叶片	桐花树
13		木麻黄枯叶蛾 *Ticera castanea*	叶	无瓣海桑
14		绿黄枯叶蛾 *Trabala vishnou*	叶	无瓣海桑
15		棉古毒蛾 *Orgyia positica*	叶	无瓣海桑
16		海桑豹尺蛾 *Dysphania* sp.	叶	无瓣海桑
17		无瓣海桑白钩蛾 *Ditrigona* sp.	叶	无瓣海桑
18		八点广翅蜡蝉 *Ricania speculum*	叶、茎	白骨壤、秋茄、无瓣海桑、黄槿
19		叉带棉红蝽 *Dysdercus decussates*	叶、花、果实、茎	黄槿
20		黄槿瘿螨（待定）	叶、嫩茎、果实	黄槿

续表

序号	种类	害虫名称	取食部位	红树植物寄主
21	次要害虫	黛袋蛾 *Dappulb tertia*	叶	无瓣海桑
22		大袋蛾 *Clania vartegata*	叶	秋茄
23		茶袋蛾 *Clania minuscula*	叶	秋茄
24		红树林扁刺蛾 *Thosea* sp.	叶	桐花树
25		丽绿刺蛾 *Parasa lepida*	叶	桐花树
26		白骨壤潜叶蛾（待定）	叶	白骨壤
27		矢尖盾蚧 *Unaspis yanonensis*	叶	秋茄
28		椰圆盾蚧 *Aspidiotus destructor*	叶	秋茄
29		考氏白盾蚧 *Pseudaulacaspis cockerelli*	叶	秋茄
30		黑褐圆盾蚧 *Chrysomphalus aonidum*	叶	秋茄
31		吹绵蚧 *Icerya purchasi*	叶、嫩茎	白骨壤
32		黄蟪蛄 *Platypleura hilpa*	茎	秋茄、白骨壤
33		伯瑞象蜡蝉 *Dictyophara patruelis*	叶	白骨壤
34		蓝绿象 *Hypomeces squamosus*	叶	阔苞菊
35		紫蓝丽盾蝽 *Chrysocoris stollii*	嫩枝	白骨壤
36		双叶拟缘螽 *Pseudopsyra bilobata*	叶	白骨壤
37		白骨壤瘿螨（待定）	叶	白骨壤

1. 柚木肖弄蝶夜蛾

柚木肖弄蝶夜蛾，又名柚木驼蛾、全须夜蛾，是近年来广西新出现的食叶类红树林害虫（图4–11），严重威胁了红树林群落生态健康。

该虫原本为柚木食叶害虫。国外于2005年首次报道了该虫在巴西红树植物萌芽白骨壤大暴发，2010年在广西红树林中首次有记录，2015年和2016年在广西北仑河口自然保护区多次大面积发生（图4-12）。目前，全球红树林中记录有该害虫的地点分别是巴西及中国海南东寨港、东方市和广西沿海。

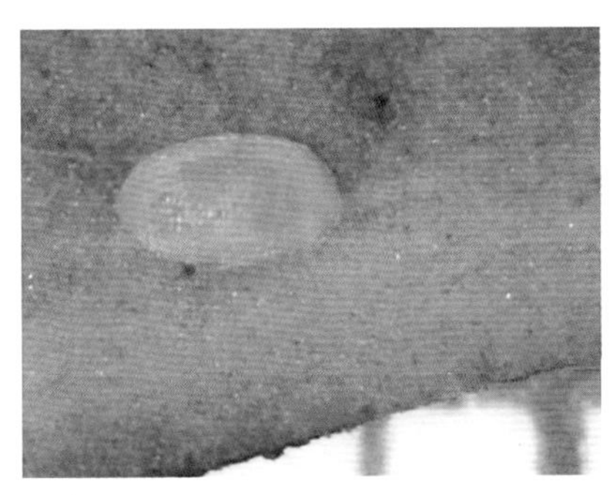

1.卵

2.初孵幼虫

3.不同斑纹的老熟幼虫

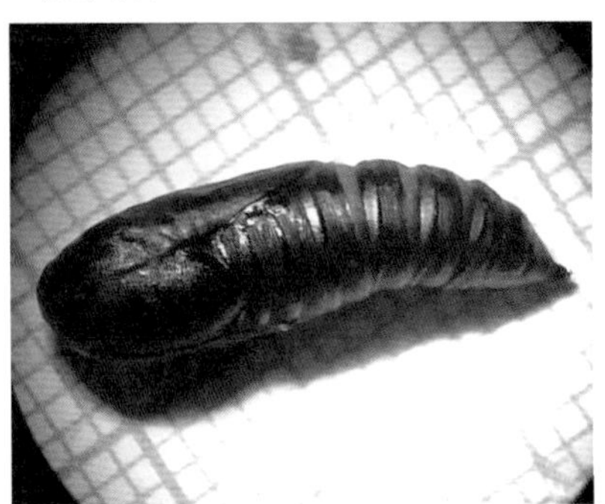

4.蛹

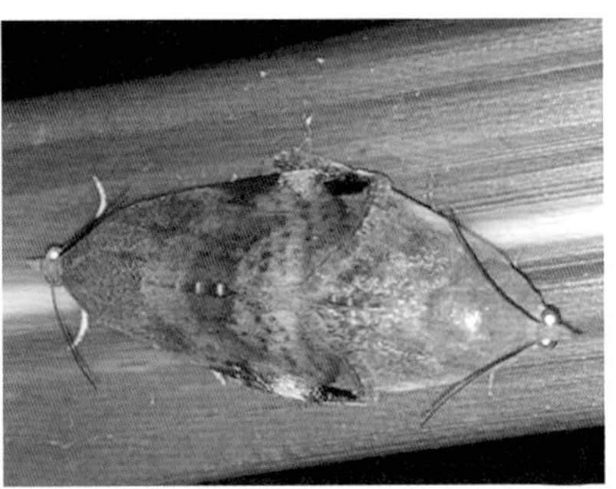

5.正在交尾的雌雄成虫

图4-11　柚木肖弄蝶夜蛾各种形态

图4-12 柚木肖弄蝶夜蛾危害白骨壤

柚木肖弄蝶夜蛾危害的防治策略：①区域合作协同治理，特别是同越南的合作；②清查沿海地区柚木的种植情况，记录引种情况和虫害发生情况，并针对具体情况进行防治干预和虫情监测，必要时予以清理；③具体防治手段，如灯光诱杀，释放天敌昆虫（如胡蜂、广大腿小蜂），优先防治外来植物柚木上的害虫，清理白花鬼针草。

2. 广州小斑螟

广州小斑螟，属鳞翅目螟蛾科。2004年，中国科学院动物研究所宋士美教授鉴定其为该种名；2007年，南开大学李后魂教授鉴定其为海榄雌瘤斑螟（*Acrobasis* sp.）。鉴于后者还未鉴定到种，目前仍沿用广州小斑螟这一名称。该虫是危害红树植物白骨壤的一种重要食叶性害虫，具有暴食性，大暴发时，能在较短时间内将白骨壤林的叶片吃光，严重影响白骨壤的正常生长。2004年5月下旬，该虫在广西山口国家级红树林生态自然保护区暴发了保护区有记录以来最严重的一次虫灾，导致白骨壤林中95%的叶子被吃掉，树木严重枯萎（图4-13）。此后陆续有媒体报道在广西山口国家级红树林生态自然保护区（发生时间为2008年、2016年），广西北仑河口国家级自然保护区（发生时间为2011年、2016年），广东内伶仃福田国家级自然保护区（发生时间为2012年、2014年）等国家级保护区大面积发生。而实际情况是国家级保护区之外的红树林虫害更严重，但是少有报道和关注。

图4-13　广州小斑螟危害广西山口保护区白骨壤林

3. 毛颚小卷蛾

毛颚小卷蛾属鳞翅目小卷蛾科，是危害桐花树的一种重要食叶性害虫（图4-14）。该虫具有暴食性，大暴发时，能在短时间内将桐花树的叶片吃光，导致枝条干枯死亡，严重阻碍了林木的正常生长。该虫主要分布在斯里兰卡、印度和菲律宾等国家，危害番樱桃属、红毛丹属植物

图4-14　毛颚小卷蛾各种形态

的茎、叶、果实。在中国首次发现于福建省漳州市云霄县、龙海市和泉州市惠安县。可在其卵期人工释放赤眼蜂来防治。

4. 袋蛾

袋蛾是广西红树林害虫的主要类群之一。国外关于袋蛾危害红树林的情况已有报道，但国内这方面的报道较少。笔者对目前广西红树林主要分布区的袋蛾进行调查后发现，严重危害红树林的袋蛾有4种，主要为蜡彩袋蛾、小袋蛾、白囊袋蛾、褐袋蛾（图4–15）。袋蛾由于其体表有袋囊，普通的触杀类化学药剂很难起作用，如果大规模使用化学类胃毒药剂又会给海洋生物带来不良影响，因此如何防治袋蛾成为目前红树林害虫防治的难题。当前防治袋蛾的物理方法主要是定期、定点监测，

1.白囊袋蛾

2.蜡彩袋蛾

3.褐袋蛾

图4–15 多种袋蛾形态

在虫害大暴发前及时清理主要区域的害虫，对发生区域喷洒石灰水，同时在成虫期利用灯光诱杀成虫，以达到迅速降低虫口密度的目的。生物防治方法主要是利用天敌进行防治，在林间采集天敌带回实验室繁殖，然后投放到袋蛾主要危害聚集区域，其主要的天敌有广大腿小蜂、袋蛾沟姬蜂、瘤姬蜂等。

（四）浒苔

浒苔（*Enteromorpha* spp.）是绿藻门绿藻纲石莼目石莼科浒苔属藻类的统称。浒苔的危害最早“成名”于青岛。2008年北京奥运会开幕前夕，作为北京奥运会帆船比赛场地的青岛汇泉湾奥帆中心一带，遭受了前所未有的浒苔危害，海湾一夜之间被浒苔等绿藻所占据，整个海湾只见绿色不见水，犹如海上草原。自此之后，在青岛，浒苔的危害几乎年年发生，青岛市政府每年都需要花费极大的人力物力去清除堆积如山的浒苔。据统计，自2008年起，青岛市每年需清除的浒苔多达几十万吨至上百万吨。

浒苔除在北方的海滩造成较大危害外，近几年，南方的福建、广东、广西、海南等地的海域也出现了大量的浒苔。出现的时间在每年11月至翌年5月，其危害程度虽然没有青岛的那么严重，但也对当地的海洋环境造成了较大的影响。浒苔对红树林的危害主要表现在以下几个方面：一是退潮后大量的浒苔堆积于红树林滩涂，覆盖了绝大部分红树林的呼吸根，阻断了红树林根部与大气的交换，对红树林的生长造成较大影响，甚至造成红树林死亡；二是浒苔的堆积对红树林幼苗造成了毁灭性的伤害，大量红树林幼苗被成堆的浒苔埋没、压弯或折断，红树林树种的更新无法完成（图4-16）；三是浒苔大量覆盖在滩涂上，对红树林滩涂上的底栖生物造成较大影响，尤其是大量浒苔死亡后腐败，滩涂的生境遭到极大破坏，整个滩涂黑水横流，臭气熏天，造成底栖生物（如贝类、蟹类）的大量死亡。因此，浒苔会造成红树林生态系统的脆弱退化，生态功能极大下降。

其实，浒苔是一种好东西，在日本被叫作“青海苔”（あおのり），是一种很受欢迎的海藻类食品。福建南部用浒苔做调味品和食品，江苏、浙江称浒苔为“苔条”，为市场上常见食品。浒苔还曾经作为一种具有很大开发潜力的人工养殖品种。浒苔的危害，归根结底还是人类造成的。工业和城市化的发展，越来越多的污水直接排入大海，造成海水富营养化，使得浒苔大量繁殖而成灾。因此，浒苔的危害，与其说是一种自然灾害，倒不如说是一种人祸。

图4-16 广西白骨壤红树林下的浒苔

三、外来物种

（一）互花米草

互花米草（*Spartina alterniflora*）隶属禾本科米草属，是一种多年生草本植物，它起源于美洲大西洋沿岸和墨西哥湾，适宜生活于潮间带，具有超强的繁殖扩散能力。互花米草秸秆密集粗壮，地下根茎发达，能够促进泥沙的快速沉降和淤积，具有很好的护堤、促淤造地效果。基于以上原因，互花米草于1979年被引入我国，从此在我国的南北海岸开始了快速扩张，给当地自然生态系统带来了巨大的负面影响。2003年，我国将互花米草列为第一批16种外来入侵物种之一。

1979年，合浦县科技部门在山口和党江滩涂上引种互花米草约0.67公顷。2011年，山口国家级红树林生态自然保护区27%的红树林被互花米草包围。2014年，广西互花米草面积已达602.27公顷，其中廉州湾51.2公顷，大风江3.33公顷。2015年首次在广西北仑河口发现互花米草先锋草斑，后被清除。

截至2016年7月，广西海岸潮间带入侵物种互花米草的分布面积为686.48公顷，斑块个数5191个，斑块平均面积为0.13公顷，最大斑块面积为47.24公顷（表4-4、图4-17）。北海市海滩互花米草分布面积为685.91公顷，占入侵总面积的99.92%，其中，合浦县互花米草分布面积为505.81公顷，铁山港区互花米草分布面积为156.41公顷，银海区互花米草分布面积为23.67公顷，海城区互花米草分布面积为0.02公顷。钦州市海滩互花米草分布面积为0.57公顷，占入侵总面积的0.08%，均位于钦南区海域滩涂。合浦县互花米草分布斑块数量最多，有4073个，海城区互花米草分布斑块数量最少，目前调查发现仅为2个。

表4-4　广西海岸各行政区互花米草分布状况（2016年7月）

市	县（区）	面积（公顷）	斑块数（个）	斑块平均面积（公顷）	斑块最大面积（公顷）	占总面积比例（%）
北海市	海城区	0.02	2	0.01	0.02	0.002
	合浦县	505.81	4073	0.12	47.24	73.68
	铁山港区	156.41	990	0.16	17.36	22.78
	银海区	23.67	105	0.23	6.61	3.45
	小计	685.91	5170	0.13	47.24	99.92
钦州市	钦南区	0.57	21	0.03	0.18	0.08
	小计	0.57	21	0.03	0.18	0.08
合计		686.48	5191	0.13	47.24	100.00

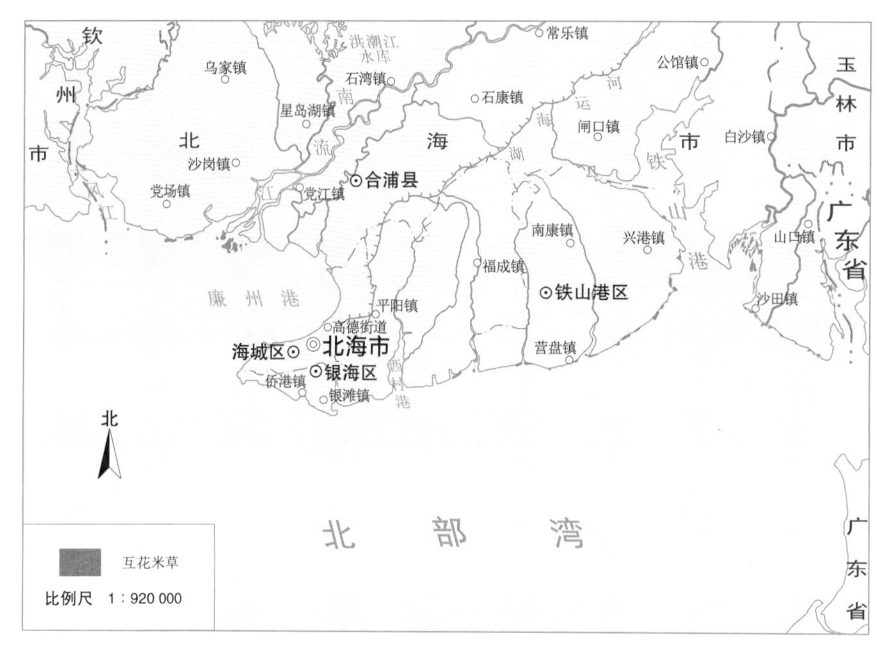

图4-17 广西海岸带2016年互花米草入侵空间分布图

互花米草主要以类似红薯的无性繁殖方式进行“传宗接代”。在广西，互花米草零星草丛会在4～6年的时间内逐步发展壮大，形成神秘的“蘑菇圈”，当“蘑菇圈”的直径达到20米左右时，它们会以此为根据地，跳跃式地挺进数公里至数十公里侵占新海区（图4-18）。近年来的

1.北海廉州湾的互花米草“蘑菇圈”

2.北海铁山港青头山的互花米草“蘑菇圈”

3.北海廉州湾红树林外缘的互花米草

图4-18　广西互花米草的“蘑菇圈”

研究还揭示了互花米草更可怕的一面，它会尽快适应当地气候、土壤和海洋等条件，进行有性繁殖，形成生命力更强的种子，实现其在更大范围和更远距离的生长繁殖。

（二）无瓣海桑

无瓣海桑（*Sonneratia apetala*）为海桑科海桑属常绿大乔木，高可达16米；树干圆柱形，有发达的笋状呼吸根；嫩枝纤细下垂；花中柱头呈蘑菇状；果实为浆果，球形，主要分布于印度、孟加拉国、斯里兰卡等国家。1985年，无瓣海桑从孟加拉国的申达本红树林区被引进到海南东寨港国家级自然保护区，引种3年后开花结果，后扩种到我国东南沿海。

无瓣海桑喜低盐度海岸潮间带，因此河口和岸边有淡水调节的滩涂是其主要生长地（图4-19、图4-20）。无瓣海桑耐水淹，向海可生于乡土红树植物不能生长的低潮滩。无瓣海桑速生，如雷州市附城镇芙蓉湾泥质海滩于1997年5月种植的最快年高生长可达3.4米、年胸径生长可达3.1厘米。1996年，广西山口红树林生态自然保护区在岸边研究性引种6株无瓣海桑，后来考虑到生态安全，只保留2株作为种质活标本，年高生长可达1米。广西自2002年开始无瓣海桑的规模化造林，到2013年已形成189.36公顷的规模，集中分布在钦州的茅尾海康熙岭镇及团和岛潮滩。此外，合浦南流江口、北海市区的冯家江和西村港等海滩亦有零星种植。

无瓣海桑耐淹、速生、抗风、较耐寒，成为我国林业部门在东南沿海极力推荐的红树林造林树种。有观点认为，近20年来我国人工造林新增红树林面积中的80%为无瓣海桑。

图4-19 无瓣海桑人工林

图4-20 无瓣海桑苗圃

无瓣海桑在我国已成为“以恶除恶”的生物老大。外来物种互花米草很难被斩草除根。为了在特定的海区整治互花米草，林业部门在互花米草泛滥的滩涂上种植无瓣海桑，无瓣海桑一旦高过互花米草（一般不超过2米），互花米草就会因为缺少光照而衰败，而无瓣海桑则茁壮成长，并创造出适合乡土红树植物树种生长的滩涂高程及环境条件。此后，再用乡土红树植物树种对无瓣海桑林进行替代造林，最终扩大乡土红树林的面积。目前该技术已成熟，并取得了很好的效果，显著提高了我国红树林造林的潜在空间。然而，大规模种植无瓣海桑已引起国内外的高度关注，人们担心会造成生物入侵。

笔者认为，对无瓣海桑既不能掉以轻心，也没必要诚惶诚恐，但要把握好以下三个原则：①自然保护区保护的是当地的乡土物种和基因，而不是保护外来物种。为此，应严禁在自然保护区范围内开展以扩大红树林面积为目的的无瓣海桑规模化造林。②无瓣海桑即便造成生物入侵，其清除难度远远小于互花米草，因为砍树相对容易，斩草除根难。③为了满足在困难滩涂上快速建立海上“绿色长城”的国家战略目标和一些特殊需求，可以用无瓣海桑造林，但在预算中不仅要包括无瓣海桑本身的造林经费，还应该包括乡土树种替代无瓣海桑造林的预算及巡查、监测、管控的预算。

（三）拉关木

拉关木（*Laguncularia racemosa*）是使君子科假红树属植物，起源于墨西哥、南美洲和非洲等地。1999年，拉关木从墨西哥的拉巴斯市被引进到海南东寨港国家级自然保护区，3年后开花结果。2002年以后，拉关木被引种到福建莆田、厦门和广东电白、广西北海等地，长势良好，均已开花结果。

拉关木高可达8～11米；树干圆柱形，有指状呼吸根（图4-21）；叶对生；具隐胎生现象。拉关木生长速度快，对土质要求不高，既能在

图4-21 拉关木的根系

砂质土壤中生长，也能在淤泥质滩涂上生长，耐盐能力强。拉关木结果量巨大（图4-22），种子具有较好的萌发能力和漂浮能力，具备入侵物种的潜质。

图4-22 拉关木的果实

广西最早引种拉关木的地区为北海市银海区冯家江大桥附近，随后于2009年在大冠沙潮滩进行试验造林（图4–23）。经2013年测定，四年生试验林平均基径为18.11厘米，平均树高5.86米。类似于无瓣海桑，我们在利用拉关木进行造林时必须保持高度的警惕。

图4–23　拉关木人工林

第五章 广西红树林的恢复

天然红树林是红树植物对滩涂、潮汐和海洋生物长期适应后形成的稳定植被，其扩张速度慢，于是人工造林就成为新增红树林面积的主要手段。红树林既然有巨大的生态经济效益，我们为什么不大量种植呢？红树林生长的潮间带滩涂自然条件恶劣，海上造林的难度绝非陆地造林可比，最关键的问题是适合乡土红树林生长的滩涂越来越少，造林成功率越来越低。广西有人工种植红树林的成功经验与失败教训，这些实践在造林地选择与人工创建、造林技术、幼林抚育、政策与策略等方面为今天的蓝色海湾生态建设提供了有益的借鉴。

一、红树林滩涂与造林工程类型

（一）宜林滩涂与困难滩涂

上文已经提到，红树林有自己的“宅基地”，并不是所有的滩涂都可以生长红树林。郑德璋等1995年估算华南沿海红树林宜林地面积约34000公顷。2001年我国红树林资源调查认为全国红树林宜林地为58848.2公顷，这一面积与当时国家林业局规划的近期营造红树林6万公顷的规模大致相符，也是国家2017年提出在2025年之前全国新造红树林48650公顷的背景。

然而，近20年来全国造林经验表明，我们忽视了海岸冲淤、水深、波浪、敌害生物等困难因素，大幅度高估了全国红树林宜林滩涂面积，致使造林失败的例子比比皆是。在征求了各省（区）红树林科研和管理专家的意见后，笔者认为目前全国适合红树林乡土树种生长且符合海洋功能区划的宜林滩涂只有6000公顷左右。也就是说，2017年国家红树林造林规划中的滩涂近90%实际为难以种植红树林的困难滩涂。

（二）红树林恢复的工程类型

根据滩涂是否已经存在红树林，可以将红树林的人工造林活动分为恢复和重建两大类。恢复是指红树林从稀到密、从单一树种到混交林、从低质量到高质量的量变过程，可进一步分为自然恢复和人工修复（表5-1）。重建是指在没有红树林生长的滩涂上新造红树林，是“无中生有”的质变过程。大部分情况下，重建的难度远远高于恢复。不同类型的红树林造林工程在技术难度、监测重点、成本核算、效果评价及工程验收等方面都存在巨大的差别。

表5-1 我国红树林造林工程类型

<table>
<tr><th colspan="2">类型</th><th>特点</th><th>难度与成本</th></tr>
<tr><td colspan="2">自然恢复</td><td>现存群落较好，在清除或缓解威胁后群落可自然正向演替的保护活动</td><td>很低</td></tr>
<tr><td rowspan="3">人工修复</td><td>次生林改造</td><td>在遭受破坏、次生低矮的群落内套种当地演替序列中后期的红树树种，加快群落的正向演替，改善群落外貌</td><td>低</td></tr>
<tr><td>乡土种替代改造林</td><td>用乡土红树树种替代外来树种的改造活动</td><td>中</td></tr>
<tr><td>安全造林</td><td>对遭受自然和敌害生物严重危害的红树植物群落，在清理或伐除病腐木后进行适当补植</td><td>低</td></tr>
</table>

续表

类型		特点	难度与成本
重建造林	宜林滩涂重建	气候带、温度、滩面高程、海岸地貌、底质和水文条件等环境因素都满足红树植物生长的潮间带滩涂新造红树林	低
	困难光滩重建	在不能自然生长红树林的滩涂，通过工程措施创造满足红树林生长的条件，尔后进行的新造林活动	很高
	退塘还林	不考虑养殖，全部或局部清除塘堤，完全恢复潮间带自然地貌特征，对生境进行宜林化改造后的排他性新造林活动	中
	虾塘生态改造与产业提升	对一定比例的虾塘水面进行宜林化生境改造，种植红树植物和耐盐功能性植物，生物吸收、理化处理并综合利用大部分养殖污染物，显著减少污染物外排入海，建立高效可控、产品优质的红树林湿地生态农场人工生态系统	较高
	红树林人工鱼礁	将红树林与大型藻类和人工鱼礁物理构件相结合，在最低低潮线以下的浅海营造红树林人工鱼礁岛群，促进海洋牧场和海洋安全保障建设	很高
	其他	上述重建类型以外的特种需求造林活动	—

1. 自然恢复

自然恢复基本上等同于“封山育林”，主要依靠自然界固有的演化规律进行自我生长，是大规模提升我国红树林生态系统质量最理想、成本最低的方法。加强管护，消除人为干扰是自然恢复的关键。自然恢复在一些环境条件良好的海岸可以逐步扩大红树林面积，显著增加红树林生态系统的物种多样性，提升生态服务功能。

2. 人工修复

人工修复就是借助一些措施，对已有退化、低矮的群落进行人工干预，加快已有红树林的生长，提高红树林质量的人为活动，包括次生林改造、乡土种替代改造和安全造林。人工修复可促进群落的正向演替或提高群落的生态健康水平。

2001年全国红树林资源调查数据表明，植株高度小于1.9米的群落占中国红树林的68.8%，达15147.7公顷，高度小于4米的群落面积达18841公顷，对这部分低矮次生林实施大规模修复造林，可迅速提高中国红树林的林分质量和生态价值。我国开展次生红树林的修复实践已有近40年的历史。20世纪80年代，海南东寨港国家级自然保护区对桐花灌丛进行改造，方式是直接在林下插植乔木树种胚轴，树种有木榄、海莲、红海榄和正红树等。1985年，广东省湛江市林业局在海康县用红海榄改造了大片白骨壤灌丛。1987年，海南清澜港省级自然保护区对榄李、瓶花木灌丛进行了改造。中国林业科学研究院热带林业研究所在“八五”期间，把无瓣海桑、红海榄、木榄和海莲等乔木树种引入桐花树、白骨壤次生林内，进行次生林恢复过程的扰动效应、种间竞争、适宜度等研究。同期，广西红树林研究中心试验引进红海榄和木榄改造次生“桐花树＋白骨壤”群落，在清除灌木、施肥等抚育环节完善次生红树林改造技术。

利用乡土树种逐步替代无瓣海桑、拉关木等外来速生红树人工林是我国将面临的艰巨任务，因为近20年来我国新增红树林中的80%为外来速生树种。对遭受自然和敌害生物严重危害的红树植物群落，在清理或伐除病腐木后进行适当补植的造林活动为安全造林。

3. 重建造林

在没有红树林的地方人工营造红树林就是重建造林。为了大幅度增加我国红树林的面积，重建造林为必由之路。在重建造林中，退塘还林、困难光滩重建、虾塘生态改造与产业提升、红树林人工鱼礁的技术难度与成本一般是宜林滩涂重建的数倍到十几倍，高的每亩可达8万～10万元，其主要投入不是种植，而是借助海洋工程手段创建宜林滩涂。就广西而言，河口小规模种植红树林的成本目前在每亩2500～5000元，开阔海岸至少在每亩1万元以上，这还不包括海岸前期整治工程成本。因此，要制定全国统一的红树林生态修复与修复单价、监测与评价、验收等标准，目前存在很大困难。

二、广西及我国红树林人工造林历史

广西是我国红树林的重要分布区，具有悠久的红树林造林历史。由于缺少资料，笔者斗胆将广西红树林造林历史简单概括为四个阶段，也基本上反映了我国红树林造林的发展历史。这四个阶段分别是自发造林阶段（1980年以前）、补救造林阶段（1981～2000年）、恢复造林阶段（2001～2012年）、生态造林阶段（2013年以后）。

（一）自发造林阶段

自发造林阶段指1980年以前的造林活动。据说，山口红树林生态自然保护区马鞍岭核心区的红海榄林是100多年前的造林成果。当时，为了保护围垦的70多公顷良田，当地乡绅以稻米进行奖励，发动村民进行种植。可惜，这种说法尚缺少历史考证。1950年以来，沿海村民以及相关部门因生产和生活需要开展了小规模的人工造林活动。例如，1956年，钦州市林业科学研究所种植白骨壤饲料林7公顷，这是广西历史上有记载的最早的造林活动。钦州市沙井村民（钟应显等）在“大食堂”年代（1958～1961年）为了解决烧柴问题，从簕沟港采回种子种植了数十亩的桐花树林。1968年，合浦县林业局在党江镇和西场镇潮滩种植了秋茄、桐花树防护林。20世纪70年代，钦州市林业科学研究所在珍珠港的山心沙滩成功营造了约6.7公顷红海榄、木榄林。该片林子的树木在20世纪90年代初已有2米多高，红海榄出现了支柱根。据2002年全国红树林调查资料统计，1980年以前广西的红树人工林面积为274.7公顷。

自发造林阶段虽然缺少专项经费，造林面积小，可海区环境好，人为干扰少，管理成本低，出现了一些成功的例子。

（二）补救造林阶段

补救造林阶段为1981 ~ 2000年。1981 ~ 2000年，经济发展是第一要务，时间就是金钱，效率就是生命，人人都憧憬一夜暴富。台湾养殖对虾的技术和资本在糟蹋东南亚红树林沼泽后，于1984年前后进入我国东部沿海。由于短期暴利，对虾养殖在1988年左右蔓延到广西北部湾，1991 ~ 1994年，集资养虾成为广西沿海地区的时尚，养到就赚到，人人争先恐后，前赴后继。笔者带领的广西红树林研究团队在那时成了不食人间烟火、只会穷爬格子的“迂腐象征”。总之，那是一个毁林修塘的年代，人们无暇过问红树林的未来。1999年，广西合浦县闸口镇的毁林修塘事件成为那个时代的终结点，中国历史上出现了第一个因为破坏红树林而被判刑的案例。

在这一时期，毁林养殖的报道不绝于耳。为了弥补被破坏的红树林，全国也进行了红树林人工造林，但是造的不如毁的多，红树林面积不仅没有增加，反而减少了12923.7公顷。广西在这一时期的红树人工林面积增加了818.2公顷。

（三）恢复造林阶段

恢复造林阶段为2001 ~ 2012年。在即将跨入21世纪的最后几年里，我国红树林遭受大肆破坏，面临海岸防护林功能衰退的严峻形势。在全国各地专家，尤其是在广东、福建、广西等地专家学者的强烈呼吁下，在中央媒体曝光广西合浦闸口毁林养殖事件的催化下，红树林保护和恢复终于引起国家的重视。

2001年，国家林业局启动了全国红树林资源调查，我国第一本红树林科普读物《红树林——海岸环保卫士》成为当年全国红树林资源试点调查技术培训的读物。2002年1月2日，国家林业局在深圳召开全国红树林建设工作座谈会（图5-1）。这次座谈会是我国红树林事业的一个历史性转折。会上，厦门大学的林鹏教授、中国林业科学研究院热带林业科学研究所的郑松发研究员、广西红树林研究中心的范航清研究员分别代表所在省（区）的专业人员发言。此后，国家财政安排专项资金支持沿海红树林恢复造林，市（县）林业局、乡（镇）林业站、林业设计院等单位参与红树林的设计、造林和管理，使红树林造林步入了专业化、业务化、规范化发展之路。

图5-1　全国红树林建设工作座谈会现场（2002年）

2013年，中国红树林湿地面积为34472.1公顷，其中有林面积25311.9公顷，比2001年的22025公顷有林面积增加了14.92%，扭转了我国红树林面积持续下降的趋势，成为全球为数极少的红树林面积不减反增的国家之一。2001~2012年，广东红树林面积大幅度增加，福建、海南红树林面积明显扩大，而广西和浙江红树林面积略微萎缩。这一时期，我国的红树林恢复暴露出一些理念问题，主要表现在：一是注重植被恢复，不重视海洋生物多样性和系统功能的恢复；二是大规模应用外来速生红树植物树种造林，引起环保人士的普遍担忧。

（四）生态造林阶段

2012年11月，党的十八大提出生态文明建设，建设美丽中国。红树林作为我国人口最密集的东南沿海经济发达区的生态屏障，其强大的生态功能被赋予了振兴中华民族的新含义，越来越受到各级政府重视，我国红树林造林进入了生态造林新阶段。

国家将红树林造林纳入“十二五”和“十三五”全国湿地保护实施规划；国务院批准实施“南红北柳”（南方红树林、北方柽柳）、“蓝色海湾”国家重大海洋生态工程，“十三五”期间要新造红树林2500公顷；红树林保护成为中央环保督察的一项重要内容；《全国沿海防护林体系建设工程规划（2016—2025年）》提出全国新造红树林48650公顷的新目标。目前，尚没有2013～2017年广西和全国新造林面积权威统计数据。

长期以来，我国将红树林恢复简化为单纯的造林和植被恢复，忽视了红树林作为海洋生态系统的意义。为了从数量和质量上实现红树林恢复的国家战略目标，学术界提出了我国红树林保育的一般性技术原则：红树林造林时应该将单纯的植被恢复提高到红树林湿地生态系统整体功能恢复的高度，把鸟类、底栖生物生境恢复纳入恢复目标，采取以自然恢复为主、人工辅助恢复为辅的策略，在红树林恢复的同时，创造条件恢复经济动物种群，提高周边居民收入。具体做法包括以下三方面。

（1）植被方面：鼓励利用乡土种新造林，滩涂高程符合要求的地点利用本地种改造低矮次生林，对外来红树植物进行乡土种替代改造；保护珍稀红树植物小种群生境并进行人工繁育和扩种；遏制互花米草等敌害生物的蔓延。

（2）海洋动物方面：因地制宜地设立插管、小潮沟、庇护坑等辅助设施，增殖林区海洋动物，促进红树林生长，提高生态系统功能。

（3）合理利用方面：在滩涂新造林和次生林改造中推广应用地埋管道鱼类原位生态养殖技术；发展高效可控的虾塘红树林人工生态系统，生产健康蛋白与滨海功能植物，发展滨海休闲业，减少养殖污染排放，建设红树林湿地生态农场；将红树林、大型藻类和海底人工构筑物相结合，在不能自然生长红树林的浅海构建红树林人工鱼礁岛群，促进海洋牧场建设，保障海岸生态安全。

三、广西红树林自然恢复成效

在条件满足的情况下，广西沿海局部海区红树林可以进行自然恢复。李春干等研究了防城港珍珠湾谭吉沥尾西堤的红树林自然恢复过程。西堤修建于1969年，海堤建成后堤前滩涂无明显人为干扰，1981年首次出现了红树林斑块，此后红树林斑块与面积不断增加，红树林向海扩展。红树林自然恢复的原因可能是在修筑海堤之后堤前滩涂的海水动力改变，上游河流（主要是江平江）携带的泥沙和生物碎屑逐渐沉积，以及西面径流量大的北仑河口的径流携沙在涨潮时经湾口直接运至此，滩涂高程逐渐抬升，为漂来的红树林繁殖体定居创造了条件。红树林形成后，又加速了泥沙沉积，使其不断向海扩展，是一个良性的地质—生物过程。

根据广西沿海红树林标桩实地监测，自2010年以来，广西红树林出现较大面积自然恢复的地区为茅尾海北面的茅岭江和钦江入海口、廉州湾的南流江入海口、英罗港的北面洗米河口入海口处，其余河口只出现很少量的自然恢复，开阔海岸区则几乎无红树林的自然恢复现象。可见，红树林的自然恢复主要发生在条件良好的河口区域，很少发生在风高浪急的开阔海岸。

四、广西红树林人工造林成效

广西红树林人工造林面积及其保存率是社会普遍关注的问题。由于历史数据和信息的不完整，准确评价广西红树林人工造林的成效存在很大困难。在有限资料的基础上，通过核查和科学判断，我们仍能把握广西红树林人工造林的基本脉络（表5-2）。资料显示：①2002～2015年的14年间，广西人工营造了3984.5公顷的红树林，但成林的只有1338.9公顷，成功率（保存率）为33.6%；②2002年以来，广西年均人工营造红树林的面积和保存率趋于下降。

表5-2　广西红树林人工造林成效统计

时间	人工造林作业面积（公顷）	人工造林保存面积（公顷）	保存率（%）	资料说明
1980年以前	—	274.7	—	国家林业局2002年公布资料
1980～2001年	—	818.2	—	
2002～2007年	2651.5	983.9	37.11	广西林业厅专项调查
2008～2015年	1333.0	355.0	26.63	广西林业厅2017年提供
合计	3984.5	2431.8	—	

说明：以国家林业局2002年公布的调查数据为准，统计了1980年以前、1980～2001年广西红树人工林面积。在广西林业厅专项资助下，广西红树林研究中心以造林档案为基础，通过全岸线实地查证，统计出2002～2007年广西红树林人工造林面积、保存面积和保存率。2008～2015年的造林情况由广西林业厅提供。造林成功的标准一般为造林一年后成活率不低于60%，或者造林后第2～4年保存率不低于40%。

（一）2001年以前广西红树林人工造林面积

2001年以前，广西红树林人工造林保存面积为1092.9公顷，其中

1980年以前为274.7公顷，1980～2001年为818.2公顷（表5-3）。从红树人工林岸线分布看，茅尾海的造林保存面积最大，达到448.5公顷。这一时期桐花树和白骨壤是广西红树林造林最成功的种类（表5-4）。桐花树人工林面积达518.3公顷，占红树人工林面积的48%；桐花树和白骨壤人工林面积加起来占同期红树人工林面积的比例高达80%。

表5-3　2001年以前广西红树人工林面积统计

单位：公顷

岸线	1980年前	1980～1984年	1985～1989年	1990～1994年	1995～2000年	2001年	小计
北仑河口	0	0	0	0	24.2	0	24.2
珍珠港	0	0	50.3	0	16.7	0	67.0
茅尾海	0	49.6	0	261.8	137.1	0	448.5
钦州港	75.1	0	0	0	0	0	75.1
大风江	49.1	0	0	0	0	0	49.1
廉州湾	0	0	0	0	24.1	2.3	26.4
北海东岸	0	0	0	0	0.7	8.2	8.9
铁山港	0	0	0	0	40.7	67.3	108.0
英罗港	0	0	0	0	83.2	8.8	92.0
其他岸线	150.5	0	0	0	33.8	9.4	193.7
合计	274.7	49.6	50.3	261.8	360.5	96.0	1092.9
	274.7	818.2					1092.9

表5-4 2001年以前广西不同类型红树种群人工林面积统计

单位：公顷

群落	1980年前	1980～1984年	1985～1989年	1990～1994年	1995～2000年	2001年	合计
白骨壤	75.8	0	0	0	39.2	30.0	145.0
白骨壤＋桐花树	198.9	0	0	0	7.0	0	205.9
秋茄	0	0	50.3	0	18.6	9.4	78.3
桐花树	0	49.6	0	261.8	190.1	16.8	518.3
秋茄—桐花树	0	0	0	0	24.1	8.2	32.3
红海榄	0	0	0	0	81.5	31.6	113.1
合计	274.7	49.6	50.3	261.8	360.5	96.0	1092.9

（二）2002～2007年广西红树人工林面积

1. 造林作业面积

调查结果表明，全广西2002～2007年红树林人工造林作业面积合计2651.4公顷。防城港市红树林人工造林作业面积累计784.2公顷，其中防城区210.2公顷，主要造林树种是秋茄与木榄；港口区373.9公顷，造林树种为红海榄；东兴200.1公顷，造林树种为桐花树、白骨壤和秋茄。钦州市红树林人工造林作业面积累计804.1公顷，主要造林树种为无瓣海桑、桐花树和秋茄。北海市红树林人工造林作业面积累计1063.1公顷，主要造林树种为秋茄、红海榄、白骨壤、木榄等（表5-5、图5-2）。

表5-5 2002～2007年广西红树林造林作业面积

单位：公顷

区域	无瓣海桑	木榄	红海榄	秋茄	桐花树	白骨壤	混交	合计
防城港市	0	0	373.9	0	0	0	410.3	784.2

续表

区域	无瓣海桑	木榄	红海榄	秋茄	桐花树	白骨壤	混交	合计
钦州市	58.0	0	0	220.1	46.8	0	479.2	804.1
北海市	8.8	14.2	44.1	718.5	2.6	20.8	254.1	1063.1
广西	66.8	14.2	418.0	938.6	49.4	20.8	1143.6	2651.4

图5-2　广西合浦县西场镇官井海滩人工秋茄林（2007年12月）

2. 人工造林保存面积

尽管2002～2007年6年间广西红树林人工造林作业面积达2651.4公顷，但保存下来的只有983.9公顷，共有59个斑块，分布于14个沿海乡镇（表5-6）。防城港市、钦州市、北海市的红树林造林保存率分别为9%、77%、27%，全广西为37%。钦州的保存率高与种植外来红树林植物物种无瓣海桑有很大关系。

钦江入海口的康熙岭镇、茅岭江入海口的尖山镇、南流江入海口的党江镇是广西红树林人工造林保存面积最大的3个镇，这3个镇的人工林保存面积（685.5公顷）占广西红树林人工林保存总面积的70%。可见，河口区比较容易进行红树林人工种植，是恢复红树林的主要海区。

表5-6 2002～2007年广西红树人工林保存面积

单位：公顷

地点		2002年	2003年	2004年	2005年	2006年	2007年	小计
防城港市	江平镇	0	0.4	18.6	7.1	0	0	26.1
	江山乡	0	9.0	0	0	0	0	9.0
	公车镇	0	0	0	0	0	21.4	21.4
	光坡镇	0	0	0	0	16.4	0	16.4
	小计	0	9.4	18.6	7.1	16.4	21.4	72.9
钦州市	康熙岭	66.8	24.5	31.2	6.2	296	0	424.7
	尖山镇	0	0	0	0	39.8	103.3	143.1
	东场镇	0	0	0	0	26.2	0	26.2
	那丽镇	0	0	0	0	26.7	0	26.7
	小计	66.8	24.5	31.2	6.2	388.7	103.3	620.7
北海	西场镇	0	0	0	18.3	0	0	18.3
	沙岗镇	0	0	0	40.3	22.8	15.2	78.3
	党江镇	13.4	1.6	31.3	62.1	9.3	0	117.7
	白沙镇	5.9	0	0	0	0	0	5.9
	山口镇	4.6	12.1	1.2	0.6	19.8	1.8	40.1
	银滩镇	0	0	0	0	15.4	14.4	29.8
	小计	23.9	13.7	32.5	121.3	67.3	31.4	290.3
合计		90.7	47.6	82.3	134.6	472.4	156.2	983.7

（三）2008 ~ 2015年广西红树人工林面积

2008 ~ 2015年，广西林业部门组织实施了珍珠港红树林湿地保护与恢复工程建设项目，获得中央预算内投资870万元、地方财政配套和业主自筹1304万元。2011 ~ 2016年，钦州茅尾海红树林保护区、涠洲岛鸟类保护区、北海滨海国家湿地公园累计获得中央财政湿地补助资金3010万元。海洋部门组织实施了广西北仑河口国家级自然保护区、广西山口国家级红树林生态自然保护区、钦州茅尾海国家级海洋公园建设与红树林生态修复项目，“十二五”期间累计投入超过1亿元，其中一小部分用于红树林的人工恢复。2008 ~ 2015年，全广西红树林人工造林作业面积接近1333公顷，新造红树林保存面积为355公顷，保存率为26.63%。此外，通过加强管理，人工修复和自然恢复了368公顷红树林。

（四）广西北仑河口国界海岸红树林重建造林

北仑河是中国和越南的界河，中越两国分界线以北仑河主航道中心线为界。近30年来，我国北仑河口区红树林及其生境遭到严重破坏，导致目前北仑河口的主航道向我方一侧偏移2200米，造成我国固有领土8.7平方公里产生了权属争端，在最后划定边界线时，原本全部属于我国的中间沙被划出了3/4。

20世纪90年代，我国耗费了大量资金实施了北仑河口我方“丁”字坝促淤造林工程，种植了红树林。到2010年，北仑河口上游“丁”字坝促淤和红树林人工恢复的效果较好，下游由于强烈的潮水冲刷，滩涂土层薄、低洼，基本上没有红树林生长。为了遏制水土流失，扭转生态退化趋势，保障我国领土安全和海洋权益，探索困难生境红树林恢复技术，广西红树林研究中心承担了国家发展改革委员会的“广西北仑河口国家级自然保护区生物多样生态恢复工程”项目，在北仑河口下游的入海口进行了困难滩涂的红树林重建造林。

经过测量，发现恢复区滩涂高程最低处比平均海平面低30厘米左右，潮流急，抽沙垫高的土方极易流失，直接种植红树林成功率很低。为此，研究人员进行了科学本底调查，开展了红树植物大苗移植实验和盐沼草筛选实验。在前期调查研究的基础上，创造性提出抛石围界、土工布围栏、抽沙造滩、人造潮沟导流、盐沼植物固滩、移植红树大苗、监测抚育的技术路线（图5-3至图5-5）。从10种盐沼植物中筛选出茳芏、短叶茳芏、芦苇、南水葱、海雀稗5种固滩植物。确定红树林移植树种为桐花树和白骨壤，移苗规格为二年生至三年生，株高1米左右的大苗。用专门的移苗器采集红树植物大苗，船运至恢复区进行种植，种植的株行距为1米×1米。造林后定期监测人为活动、浒苔、污损动物等危害情况，及时消除威胁因子。

1.滩涂高程抬升实验

2.围堰

3.防填土流失的土工布围栏

4.滩涂抬升——填沙

5.人工潮沟构建

6.白骨壤移植

7.桐花树移植

8.盐沼移植

9.防泥沙流失的草及覆网

图5-3　北仑河口入海口困难滩涂的红树林盐沼恢复工程

1.2011年9月（移植初）

2.2012年8月

3.2013年5月

4.2014年5月

5.2016年9月

6.2018年1月（大量红树林幼苗出现在盐沼恢复区域内）

7.2018年4月（全景）

图5-4 北仑河口特种修复工程之盐沼移植

1. 2010年

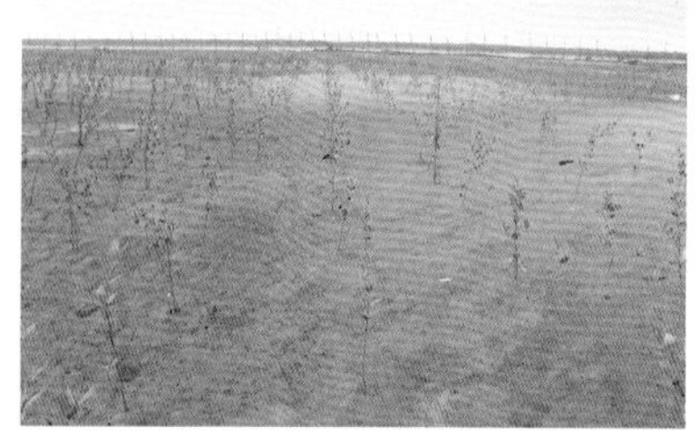

2. 2011年

3. 2013年

4. 2016年

5. 2018年

图5-5 北仑河口特种修复工程之红树林大苗移植

通过综合采取海岸整治、物理、生物等措施，以较低的成本在国界海岸成功营造了近3.4公顷红树林。2010~2018年的结果显示，人工营造的红树林生长良好，保存率高达80%，有效抵御了海岸侵蚀，稳定了岸滩，成为我国不利用外来树种，只凭借乡土种在困难滩涂重建红树林的成功范例。该项工程的另外一个意义在于杜绝外来树种，避免在国界引种外来树种可能引发的国际纠纷，确保跨界海区的生物与生态安全。

五、广西红树林造林主要经验与问题建议

（一）主要成功经验

（1）合理的造林作业设计是造林成功的技术保障。

造林作业设计是为完成红树林栽植地块预先编制出的工作方案、计划和绘制的图件，是指导红树林造林施工作业的技术性文件，内容包括造林作业区选择、立地本底科学调查报告、面积测量、内业设计（造林、抚育等），最后形成一套设计文件。设计文件包括作业设计说明书、作业设计总平面图、栽植配置图、辅助工程单项设计图、造林作业区现状调查卡。

（2）造林应注意树种与种源选择。

广西中段海岸没有红海榄与木榄天然林，该岸段的温度较低，不利于这两种植物的分布与生长。在不同潮滩进行造林时，应参考当地的生态演替规律选择相应的树种，一般情况下靠岸内滩选择木榄、海漆，中滩选择红海榄与秋茄，外滩选择白骨壤或桐花树。河口盐度较低的区域适宜选择秋茄、桐花树、老鼠簕等。红树林树种在长期的遗传进化过程中形成了与当地环境特征相适应的生态种群，有些生态种群遗传品质优良，具有广幅的生态适应性，但有的种群只适宜其自然生长的生境。在未进行种源选择试验研究之前，就地种源造林是较为安全的策略。山口的秋茄引入到党江造林后，其生长就不如乡土种源好。

（3）谨慎引种速生树种无瓣海桑和拉关木。

无瓣海桑和拉关木是我国华南沿海重要的红树林速生林造林树种。无瓣海桑树形高大，2002年开始引种到钦州市茅尾海并获得成功，六年生无瓣海桑林平均高7.3～8.1米。拉关木目前仅在北海半岛等地少量种植。在困难滩涂红树林造林中应慎重使用外来速生树种，尔后进行乡土树种替代，但在自然保护区范围内应该严禁种植外来树种，即便种植也应严格控制规模，加强监测，制订生态安全预案。

乡土红树天然林是广西的特色，是维护地带性生物多样性的根本。广西应在保持自己原生态优势的前提下积极扩种红树林，千方百计地增加红树林面积，但一定要避免外来速生树种入侵乡土红树林的生态陷阱。换一个说法，即广西不能只以红树林面积的大小称英雄，而要以生态系统质量的优劣论成败，要有战略前瞻。这一战略符合广西沿海河口少、泥沙滩涂、土壤贫瘠、立地潮差大的自然环境特征。

（4）河流入海口的潮滩造林易成功。

河流入海口调节了潮滩盐度，增加了潮滩沉积物及养分，有利于红树林的生长发育。当前广西红树人工林保存面积较大的地段均为受河流影响的潮滩，如位于南流江入海口的党江镇木案、渔江及沙岗镇七星岛潮滩成功营建了大面积的秋茄人工林。钦江、茅岭江注入的茅尾海潮滩，如康熙岭镇横山、团和、长坡潮滩，如今保存了大面积的无瓣海桑人工林。

（5）外围有天然红树林屏障的滩涂造林较易成功。

红树林屏障能减缓潮汐波能的冲刷，减轻污损生物危害，因此在外围有天然红树林庇护的滩涂、林中空地造林较容易成功。山口红树林自然保护区的丹兜海新村改造造林、北仑河口保护区石角引种红海榄、交东红树林林中空地的造林均为此类例证。

（6）潮滩高程是选择宜林潮滩的关键指标。

实践证明，在低高程滩涂造林很难获得成功。理论上，平均海面以上的滩涂才是红树林的宜林潮滩，可以借助零星分布的红树林和藤壶、牡蛎等固着动物进行辅助判定。

（二）存在问题与建议

（1）广西红树林人工造林进入了攻坚克难新阶段。

2002年以来，广西年均人工营造红树林的面积和保存率趋于下降，说明人工造林越来越难，其背后的主要原因有两点：首先，客观上可营造红树林的宜林滩涂越来越少，人工造林技术难度越来越大；

其次，造林成本不断提高，而实际造林经费得不到足额保证，基层积极性不高。

（2）应尊重科学，加强理论和技术指导。

红树林是海陆过渡带植被，不是单纯的陆地森林，其恢复难度远远高于陆地造林。长期以来，我们的造林设计缺少起码的科学依据，想当然地判定宜林滩涂，结果导致广西人工红树林的保存率只有1／3，代价惨重。北仑河口的成功实践说明了前期观测和试验的重要性。今后的红树林造林设计不能仅仅依托有造林设计资质的机构，有经验的高校和科研院所应该介入。建议设计机构提供6个月到1年的现场观测与试验结果，阐明设计的科学依据、工程对策和预算依据，提高造林方案和工程设计的质量。

（3）红树林造林经费严重不足。

广西红树林造林主要由国债造林项目支持，每亩造林经费大多不到400元，只够聘用2个工日的临时工。近年来，这样的状况得到改善，每亩造林经费提升到2500元左右。广西海岸河口少，造林难度高于我国的东海岸，未来的造林成本很可能达到每亩0.5万～1万元，困难滩涂则每亩可能高达数万元。造林单价过低难以保证造林和抚育管理的质量，成功率低，浪费人力财力。

（4）抚育管理不到位。

红树林是生态林，由于不以经营用材林为目的，验收评价标准往往不严格，导致经营者忽略抚育管理工作。海边村民赶潮捕捞的渔业活动频繁，如果宣传和保护管理措施不到位，甚至放任自流，造林往往以失败告终。

（5）红树林造林验收时间不科学。

有的地方参照园林绿化行规，不到一年就对红树林造林工程进行验收，虽然验收时成活率很高，可几年后不见林子的现象屡屡发生。由于潮间带的特殊环境，一般而言，红树新造林当年的成活率比较高，其后很可能不断死亡，群众讲“一年活，二年死，三年死光光”

就是生动写照。3年后还能存活的红树林具有较强的稳定性，才可以称得上造林成功。因此，红树林造林工程的验收期限最好为3年，不到3年的验收最多作为阶段性查证。如此规定还可以降低工程招投标中的腐败风险。

第六章　绿色海岸就是黄金海岸

缺少经济上可行的红树林合理利用技术，是我国和发展中国家将大量红树林湿地转化为农田、盐田、养殖塘、港口码头、临海工业用地的根本原因。因此，红树林生态系统的可持续利用模式、方法和技术是全世界滨海湿地保护的焦点。在环保问题高于天的今天，我们不能仅仅停留在保护上，更不能将生态文明精深思想简化为绝对保护。遵循自然规律与原理，恢复红树林滨海湿地，通过科技创新建立人工生态系统，形成红树林海洋农场或自然工厂，发展低碳蓝色产业，促进经济社会发展，是生态文明思想在更高层面上的体现，也是全球红树林可持续发展的关键。

一、时代呼唤红树林生态工厂

（一）鱼与熊掌可以兼得

缺少经济上可行的红树林合理利用技术，是我国和很多发展中国家将大量红树林湿地转化为农田、盐田、养殖塘、港口码头、临海工业用地的根本原因。

长期以来，专家学者们重视的是红树林生态系统的生态服务“价值”，诸如释放氧气、净化水质、孕育生物等，而红树林周边社区和地方政府关心的是红树林生态系统的“价格”，即能带来多少经济收入。前者是共享的、免费的公共服务，后者是排他性的、小众的经济收入。正是由于两者的不统一，于是在保护红树林问题上形成了貌合神离的局面：社会舆论上要保护，可行动上被动保护或边恢复边破坏的现象层出不穷。在生态保护补偿和生态损失赔偿制度尚未普遍建立并切实执行之前，“保护红树林就是保护钱袋子”的可持续利用技术与激励机制已逐渐成为全球共识。联合国环境规划署认为，中国南海周边国家的红树林社区普遍贫困，缺乏合理利用技术与模式，侵占红树林地进行海水养殖是该区域红树林退化的重大原因，因此应该将保护导向更加可持续的利用方式。

在环保问题高于天的今天，我们不能将生态文明精深思想简化为绝对保护。原生红树林与人工营造的红树林之间的差别如同珍品与复制品之间的不同，前者生长了数十年甚至上百年，结构和功能稳定，不可多得；后者年代短、可扩种，而且还有部分是外来种。前者应该严格保护，进行生态利用；后者可以根据需要进行规划与种植，可高效利用。

在保护的前提下，还应该遵循自然原则，建立高效可控的人工生态系统，合理利用红树林资源，改善人民生活水平，促进经济社会健康发展。绝对保护是局部的，通过保护的传承，然后才能推陈出新、发展生产。绝对保护是针对稀有的、相对完整的、生物多样性丰富的原生红树林，而不是针对所有红树林。对于未列入自然保护区范围的红树林也不是不闻不问、听之任之，而是需要管护，可以在保护的同时加以合理利用，也就是国际上推崇的“保育”，类似我国的“生态经营”。党中央在2018年的全国环保大会上明确提出了“产业生态化和生态产业化”的正确道路。

（二）生态工厂需要接地气的理论指导和技术创新

要将生态保护、生态恢复与经济社会发展有机地结合起来十分不容易，不仅需要具体可行的技术支撑，还需要政策配套和资金扶持。目前，我国真正成功、可持续的生态恢复范例不多，在生态恢复中缺少合理利用的颠覆性技术，生态恢复对当地社会经济的贡献尚不够显著，基层干部和群众自觉走生态发展道路的意识并不强烈。在一些地方，生态恢复没有给群众带来实实在在的经济利益，管理难度大，最后功亏一篑。

在重学术轻技术的今天，有多少专家学者愿意深入基层、潜心攻克技术瓶颈？技术研发是"真枪实弹"的，资金需求大、涉及面广、风险高，而学术论文可以天马行空，自圆其说、自主性强。基础研究重在原始发现，技术研发重在发明创造，如今我们将两者混合为"原始创新"。创新是外来语，"原始发现"为oringinal discovery，"创新"为innovation，前者是思辨与认知的科学范畴，后者是工程技术范畴。原始发现为创新开拓新领域，提供原理和规律；创新反过来可以为原始发现提供技术手段和战略需求。学术研究十分重要，是跃升、是引领，需要天赋，但国家也需要大批的上问学术、下接地气的复合型人才。

（三）红树林滨海湿地一体化生态保育技术体系

红树林及其邻近滩涂、海堤内侧海水可以影响到的虾塘、沟渠、零星陆地和灌丛植被等可统称为红树林滨海湿地。由海向陆，我国的红树林滨海湿地基本上可分为四个关键带：红树林、海堤、紧挨海堤陆侧的蓄水池或虾塘、广阔的虾塘养殖场。如何对滨海湿地进行全面生态修复，发展生态经济，是一个世界性难题。

广西红树林研究中心经过10年的探索，提出了"合理利用红树林滨海湿地的一体化生态保育技术体系"，使生态恢复由以往单纯的植被恢复向海洋生态农场建设迈进成为可能。根据滨海湿地的位置，"合理利用红树林滨海湿地的一体化生态保育技术体系"由四个模式组成（图6-1）。

（1）海堤海侧的潮间带：地埋管网原位生态养殖模式。

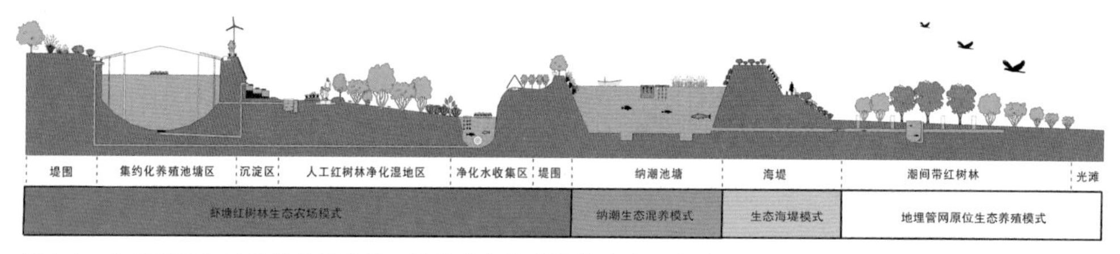

图6-1　合理利用红树林滨海湿地的一体化生态保育技术体系示意图

（2）海堤：生态海堤模式。

（3）紧挨海堤陆侧蓄水池或虾塘：纳潮生态混养模式。

（4）虾塘：虾塘红树林生态农场模式。

地埋管网原位生态养殖和纳潮生态混养一般结合使用，因为前者需要后者提供潮汐储蓄能量。通过以上四个模式的组合，将调动广大干部群众的积极性，大幅增加红树林面积，改善近海生态环境，美化滨海景观，为生态旅游和滨海城镇建设奠定良好的基础，从而实现“绿色海岸就是黄金海岸”的伟大梦想。

二、地埋管网红树林原位生态养殖

（一）毁林养殖是中国南海周边国家红树林减少的罪魁祸首

中国南海周边国家消失的红树林中至少有90%起因于围垦和对虾养殖。1980～2000年，我国共消失了12923.7公顷的红树林，其中97.6%用于修建虾塘。泰国自1975年起有50%～60%的红树林被转化为养虾场。菲律宾有约50%的红树林已被改造成半咸水鱼塘和虾池。

印度尼西亚是全球红树林最多的国家。2002～2011年，印度尼西亚全国拥有92.65万公顷的红树林虾塘，其中27.39%已经毁弃，年生产对虾30万～40万吨。印度尼西亚红树林虾塘的单位年产出不高，在60～2216公斤／公顷之间波动，全国平均约520公斤／公顷。为了满足巨大的市场需求，印度尼西亚政府提出红树林对虾生产倍增计划，即到

2030年全国年产红树林对虾60万吨。这一宏大计划，将迫使对虾生产商在2012～2030年再毁灭大约60万公顷的红树林开辟新虾塘。

自20世纪50年代以来，越南失去了50%的红树林。越南的红树林28%分布于北部，70%分布于南部，中部只有2%。2015年11月，笔者在越南考察时，据当地官员介绍，越南广宁省拥有海岸线250公里，辖区面积6500平方公里，70%为农村，是北越红树林的主要分布区，其中广安县1965年有红树林10107公顷，到1993年只剩2969公顷，消失的红树林中有相当大的一部分用于海水养殖，水产养殖业对当地经济的贡献率为12%～13%，是出口创汇的重要产业。广宁省广安县咸安镇就是一个有代表性的例子。该镇原有100公顷高约4.5米的原生红树林，为了发展经济，他们于2000年在红树林外缘修建了堤坝，砍伐了大部分红树林进行基围养殖。2015年，该区域红树林的覆盖度仅为25%左右，树高约3.8米，红树林生境被严重破坏。

在不破坏红树林的前提下，还能进行养殖，解决红树林周边农场的生计问题，岂不是一举两得？这也是数十年来国际社会梦寐以求的。为了不破坏红树林，或少破坏红树林，大家“八仙过海，各显神通”，尝试了很多生态养殖方法。

（二）已有红树林原位养殖模式及其特点

因为空间分隔，在红树林周边海区的海水养殖不会对红树林造成直接影响，所以不是我们重点关注的问题。在红树林下进行养殖，即原位养殖，由于养殖空间与红树林生长空间重叠，因此决定了红树林的命运。已有的红树林原位养殖可分为四类模式：毁林养殖、基围养殖、围网养殖、增殖保育。

（1）毁林养殖。

毁林养殖通过彻底清除红树林来修建单纯的虾塘，是一种毁灭性的破坏活动，是我国及太平洋、印度洋沿海国家红树林大幅减少的最主要原因。此外，毁林养殖还会产生高浓度养殖污水，污水的集中排放会严重影响近岸水质。

（2）基围养殖。

起源于我国珠江三角洲的基围养殖，实际上是通过移除部分红树林，并在林内挖掘池塘而建立起来的模式。香港米埔红树林基围养殖被认为是红树林生境可持续利用最成功的模式。基围养殖在东南亚被称为“红树林友好养殖”或“环境友好养殖”，并得到一定范围的推广。近年来，广东大围湾红树林传统和粗放式基围养殖，海上田园红树林海水种植集约式养殖系统的实质均是基围养殖。基围塘内的红树林存在不同程度的退化、稳定性差，且养殖产量低（每公顷几十到几百公斤）。基围养殖需要砍掉40%～80%的红树林建造养殖塘，实质是在红树林内镶嵌虾塘并进行纳潮养殖。前文提到的越南咸安镇就是红树林基围养殖，基围虾塘水深1.5米，纳潮换水时水面的升降幅度为0.4米。自然纳苗不投饵料，全年产出为100～300公斤／公顷；补充虾苗和鲜杂鱼饵料，全年产出可达400公斤／公顷。而同地点高位池虾塘的年产量平均可达10吨／公顷。越南政府将红树林平均分配给农户管理和使用，每户4～5公顷。然而，当地农户认为红树林基围养殖不好，来钱太慢，如果有资本他们更愿意将红树林清除，进行高位池养殖。

（3）围网养殖。

围网养殖即用网圈围红树林，在围成的红树林内进行养殖。围网养殖对红树林生态系统的干扰很小，但产量和捕获率比基围养殖还低。此外，红树林的落叶会遮蔽网眼，提高围网的张力，在台风、暴潮时存在崩网、养殖对象逃逸的风险，在实际中很少应用。

（4）增殖保育。

增殖保育不需要任何设施，投放的苗种自生自灭，最为生态，但产量极低，适合公益保护和生物多样性的恢复，不适合经营生产。例如，在我国红树林内赶小海，一年的收入为200～500元／亩，这么低的效益很难满足农户的基本生活，更何况我国人均红树林资源少得可怜。在东南亚地区，由于人均红树林资源占有量大，如越南每户4～5公顷，因此勉强可以低水平维持生计。

已有的原位养殖模式都存在着各种不足，因此不毁林、干扰度小、产出较高、可控性好的原位生态养殖模式，就成为合理利用红树林的一项关键技术（表6-1）。

表6-1　红树林原位养殖模式的比较

指标	毁林养殖	基围养殖	围网养殖	增殖保育	地理管道
建设成本	○○○○○	○○○○	○○	—	○○○○
饵料成本	○○○○○	○○○○	○○	—	○○○○
能耗	○○○○○	○○○	○	—	○
毁灭红树林程度	○○○○○	○○○	○○	—	○
日常管护对红树林生境干扰强度	—	○○○○	○○	—	○
养殖污染生态效应	○○○○○	○○○	○	—	○
养殖自然风险	○○○○	○○○	○○○○○	—	○
产值	○○○○○	○○○	○○	○	○○○○
可控性	○○○○○	○○○	○○	○	○○○○○
回捕率	○○○○○	○○○○	○○	○	○○○○○
产品品质	○	○○○	○○○○	○○○○○	○○○○
综合评价	高投入，高产出，毁灭100%红树林，污染严重	较高投入，中等产出，毁灭40%～80%红树林	低投入，低产出，不毁灭红树林	适合于公益性保护，产值极低	较高投入，较高产出，促进红树林恢复

注：“○”越多表示数值越大，“—”表示无此项内容。

（三）艰难的探索历程

红树林被公认为幼鱼的育苗场所和维持高渔业产量的主要因素，国内外许多学者早就提出了在红树林内进行生态养殖的设想。然而，由于退潮后红树林滩涂暴露、缺少海水，因此在红树林内养殖底栖游泳鱼类的梦想从来没有实现过。

2003年，笔者向联合国项目专家提出了开展红树林生态养殖的建议。2007年，联合国环境规划署全球环境基金（UNEP/GEF）“扭转南中国海与泰国湾环境退化”项目特别资助广西红树林研究中心探索红树林生态养殖技术。随后，研究团队在广西防城港市珍珠湾红树林区开展了围网、模拟巢穴、底播、沉箱等养殖方法试验。通过分析逃逸率、成活率、生长速率、回捕率、生物量和市场价格、设施与管理、自然风险等因素后，研究团队越来越清晰地意识到，名贵底栖鱼类的沉箱养殖方式极可能是大幅度提高单位面积产值、减少养殖对红树林生态系统干扰、便于实际应用的突破口，并提出了“沉箱＋管道＋管道流水”的构思和初步设计。

为了满足研究条件，研究团队又在广西防城港市小龙门红树林区进行了约2300平方米的小规模实验，并于2010年取得成功，形成了“地埋管网红树林原位生态养殖”的关键技术，实现了滩涂地下部培育鱼类，地上部生长红树林，滩涂表层保育和增殖软体动物的目标，同时申请了国家和国际发明专利。

为了进一步验证和完善该系统，十分有必要建立中等规模研发与示范平台。在广西财政厅和科技厅的支持下，研究团队在广西防城港市珍珠湾约5.3公顷的次生红树林滩涂上，建立了“地埋式管道红树林动物原位生态保育研究及示范基地”。国内外专家学者纷纷慕名前来参观考察，并认为这是全球环境基金资助的成千上万个项目中最可持续的一个典范。

通过2011～2015年的示范与研究，科研人员深切认识到原理与推广应用之间存在巨大的差距，如果要推广则迫切需要解决以下问题：可用潮汐能量、环境承载力与生态养殖规模的符合性问题；构件与系统的科学性问题；施工工艺与日常管理的有效性问题；降低成本提高效益的经济性问题；推广应用的关键技术与政策需求问题，等等。这些问题成为2015年国家海洋局公益性行业科技专项“基于地埋管道技术的受损红树林生态保育研究及示范”的研究内容。

（四）地埋管网红树林原位生态养殖模式的创建

“地埋管网红树林原位生态养殖系统”由五个主要部分组成（图6–2至图6–4）：①蓄水区。通常为陆侧虾塘，用于涨潮时蓄积潮水，低潮时放水，驱动地埋管道系统内水体流动，提供溶解氧。在蓄水区可开展纳潮生态混养。②管理窗口。埋在滩涂内，每个面积为3～5平方米，深1.0～1.5米，用于投苗，投喂饵料，日常管理和收获。③交换管。露出滩涂表面，高60厘米，直径20厘米，管体密布直径2厘米的小孔约100个，退潮时通气，涨潮时海区的小鱼小虾可通过小孔进入管道内，成为管道内所养鱼类的活饵。④地下管道。为直径20厘米的PVC管，埋设在红树林滩涂30～40厘米深处，为系统提供水流通道和养殖鱼类活动空间。⑤组合栈道式青蟹养殖箱。管理窗口流出的水体直接供给后端的青蟹养殖箱，充分利用潮汐能量。此外，红树林生态养殖区的海上栈道也是重要的组成部分，其作用在于提供进出养殖管理窗口的便利通道，极大降低日常管

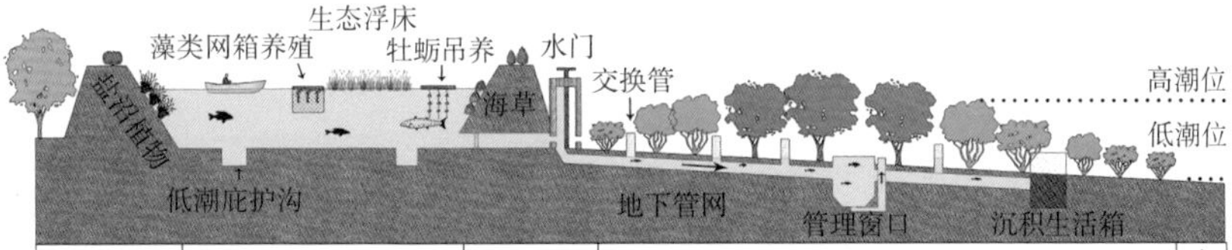

功能区	纳潮生态混养塘	海堤	红树林带	光滩
养殖品种	黄鳍鲷、鲈鱼、中华乌塘鳢、金钱鱼、牡蛎、中型新对虾等		中华乌塘鳢、日本鳗鲡、杂食豆齿鳗	
生态保育	水体环境改善	滨海植被恢复	红树林及野生动物群系恢复	

图6–2　地埋管网红树林原位生态养殖系统剖面结构

护的劳动强度，避免对滩涂红树林幼苗和底栖动物生境的人为踩踏与干扰，有利于红树林的生长和生物多样性的恢复。每亩红树林可布置1～4个管理窗口。以每亩布设4个管理窗口计（通常1～2个），管理窗口和管道的面积合计不超过林地面积的5%，不改变红树林滩涂的地形地貌。

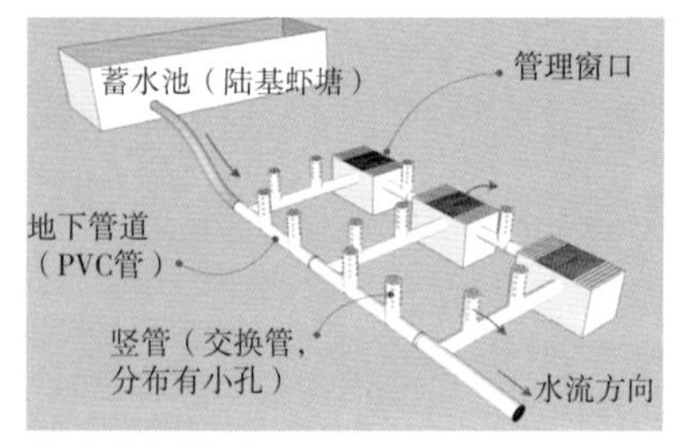

1. 主要组成部分

2. 建成景观

图6-3 地埋管网红树林原位生态养殖系统

图6-4 地埋式管道红树林动物原位生态保育研究及示范基地

（五）地埋管网红树林原位生态养殖品种

目前，已选择出的适合地埋管网红树林原位生态养殖的物种有11种，其中星虫1种、贝类5种、甲壳类1种、鱼类4种（表6-2）。底栖鱼类是地埋管网养殖的关键，已筛选出的适合物种为中华乌塘鳢、日本鳗鲡和杂食豆齿鳗（图6-5）。

表6-2　地埋管网红树林原位生态养殖适合物种

种名	俗名	英文名
可口革囊星虫 *Phascolosoma esculenta*	泥丁、土丁	Peanut worm
泥蚶*Tegillarca granosa*	血蚶、红螺	Blood shell, Ark shell
近江牡蛎*Planostrea pestigris*	大蚝	Southern oyster
红树蚬*Geloina erosa*	牛屎螺	Mangrove clam
文蛤*Meretrix meretrix*	车螺	Asiatic hard clam
青蛤*Cyclina sinensis*	红口螺、铁蛤	Chinese cyclina
锯缘青蟹*Scylla serrata*	青蟹	Mud crab
杂食豆齿鳗*Pisodonophis boro*	土龙、榄鳝	Boro snake eel
日本鳗鲡*Anguilla japonica*	白鳝	Japanese eel
中华乌塘鳢*Bostrychus sinensis*	土鱼、泥鱼	Chinese black sleeper
大弹涂鱼 *Boleophthalmus pectinirostris*	跳鱼、星跳	Bluespotted mud hopper

1.中华乌塘鳢　2.杂食豆齿鳗　3.日本鳗鲡

图6-5　适合地埋管网红树林原位生态养殖的底栖鱼类

（六）地埋管网红树林原位生态养殖综合效益

1. 经济效益

迄今已筛选出适合管道养殖的主要鱼类有中华乌塘鳢、日本鳗鲡和杂食豆齿鳗，它们可以在管道内混养。2016年3月，它们的市场价格为120～600元／公斤。以中华乌塘鳢为例，一般4月投放越冬人工苗，苗种规格为30～40尾／公斤，饵料为鲜杂鱼，10～11月进入收获期，生物量可提高3～3.5倍，养殖成活率约80%，捕获率为95%，产品质量接近野生。日本鳗鲡非常适合在管道内生长，生长快，品质远远高于池塘养殖产品，但苗种供给是制约瓶颈。杂食豆齿鳗为功能性动物，价格昂贵，可在管道内生活，但生长速率低，其辅助性养殖设施有待研发。在每亩红树林布设2个管理窗口的条件下，目前已实现平均年产75公斤／亩中华乌塘鳢（低盐度区可达100公斤／亩）的阶段性目标，产值9000元／亩，是同面积红树林林下天然海产品产出价值的22.5～45倍，比2015年越南广宁省红树林基围养殖平均年产值高8.4倍（以每年基围养殖对虾平均产出200公斤／公顷计）。组合栈道式青蟹养殖于2017年底获得初步成功，预计可提升系统经济效益50%以上（图6–6）。

图6–6 地埋管网红树林原位生态养殖收获

以每亩布设2个管理窗口计，2015年原位生态养殖系统设施的材料成本费用为2.5万～3万元／亩（可使用10年左右），是毁林修建虾塘建设成本的50%～60%。随着技术的优化和产量的提高，原位生态养殖系统的推广应用价值会进一步提高。以上生态养殖的产值未包括青蟹养殖和滩涂贝类增殖的产值。

实际上，地埋管网原位生态养殖系统主要依靠管道内的鱼类和青蟹获得经济效益，滩涂增殖的意义侧重于生物多样性的恢复及动物对红树林生长的促进作用。例如，红树林内底播可口革囊星虫苗，个体和种群恢复良好，可自行繁殖，维持合理的种群密度。可口革囊星虫进行底内生活，可以加快红树林立地土壤养分的循环，改善红树林根系氧气供给，促进红树林幼苗和幼树的生长。虽然可口革囊星虫经济价值高，但一般不进行收获，因为挖捕活动会伤害红树林根系。

2. 生态效益

广西防城港珍珠湾生态养殖基地原是覆盖度仅为10%的次生红树林地，2012年进行了恢复造林，2015年苗木保存率超过65%，林子覆盖度高达75%，次生红树林得到快速恢复（图6-7）。

实践证明，地埋管网原位生态养殖从三个方面促进了红树林的快速恢复。①稳定的生境。生态养殖设施施工期一般不超过2个月，管道和作业面的合计面积不超过红树林林地面积的5%，没有改变红树林地原有的地形地貌。施工完成后所有的生产活动在栈桥上进行，再加上人员管护，周边群众很少到生态养殖区挖捕动物，这为红树幼苗、增殖贝类和天然底栖动物的生长和繁衍创造了条件。②适宜的养分。不同于虾塘养殖清塘时高浓度污染物的集中排放，管道生态养殖的残饵和排泄物浓度很低，并随着潮汐不断排放到海区，其中绝大部分被潮水带走（物理净化）；少部分沉积到土壤中，为林下藻类的生长提供养分；还有一部分被红树幼苗吸收。其原理如同种植蔬菜，一次性高浓度施肥会烧死蔬菜，多次低浓度施肥则促进蔬菜的生长。③生物多样性恢复。林地底栖动物群落的恢复提高了系统的多样性和生态功能，降低了脆弱性，改善了红树林根际氧化条件。

1. 2011年1月，历史上多次造林失败的次生红树林地

2. 2011年3月，地埋管道系统建成

3. 2012年12月2日，生态养殖区红树林造林

4. 2013年3月，红树林幼苗生长情况

5. 2014年12月，红树林生长情况

6. 2015年12月，红树林生长情况

图6-7 地埋管网红树林原位生态养殖区红树林的恢复情况

已有评估结果表明，广西红树林生态系统服务功能价值为每年74.82万元/公顷，即4.99万元/亩。地埋管网原位生态养殖模式没有破坏红树林，反而促进了红树林的生长，其商业价值与生态服务价值合计达到每年5.89万元/亩。生态文明建设已成为我国的基本国策，在维护生态服务价值的前提下获取经济利益是“生态经济化、经济生态化”的最好诠释。

3. 社会效益

虽然地埋管网原位生态养殖技术目前还在优化完善中，但它为我国乃至东南亚地区红树林的可持续保护提供了一条崭新途径。地埋管网原位生态养殖为潮汐能驱动，低碳环保；该系统在2014年的17级台风中只受到很小的影响，自然风险低。从目前掌握的技术程度来看，该系统适合在平均潮差1.5米以上海区的红树次生林改造、光滩造林、互花米草整治中应用，尤其适合于高潮差河口区。

中华乌塘鳢为特种海洋滋补鱼类，除了沿海当地人知道其功效外，很少被外界所了解。2018年，中华乌塘鳢的市场零售价格为120～160元/公斤。在没有形成产业规模的情况下，地埋管网生态养殖的一次性投入较高。根据多年经验，我们预测：200元/公斤左右的中华乌塘鳢收购价格是技术推广应用的暴发临界点。若国家出台政策，运用地埋管网生态养殖技术进行红树林恢复和养殖生产，可获得20～30年的滩涂免费使用权的话，则社会资本就可能主动融入海岸红树林生态恢复中，为全球树立红树林生态经济榜样。

三、虾塘红树林生态农场

（一）虾塘红树林生态农场的战略需求

（1）增加红树林面积，有助于增加应对全球气候变化的国家话语权。

海洋中的浮游生物和海岸带红树林、盐沼草、海草床等是“蓝碳”的主力军。有报道指出，同面积的热带原生红树林碳储能力是亚马孙热带雨林的6倍。“蓝碳”的存在形式有很多，但已经被国际公认、没有争议、技术上能计量、经济上可交易的却很少，目前只有红树林成为“蓝碳国际硬通货”。在碳汇问题上，我国提出了“参与、贡献、引领”的战略方针。

（2）退塘还林是增加我国红树林面积的重要途径。

红树林碳汇能力强，可林子面积相对较小。为了增加海岸“蓝碳”，国家海洋局提出了“蓝色港湾”“南红北柳”生态工程。国家林业局的《全国沿海防护林体系建设工程规划（2016—2025年）》提出全国新造红树林48650公顷的新目标，其中广西新造红树林16500公顷，分别是全国现有红树林面积的1.92倍、广西现有红树林面积的2.28倍。然而，我国既符合海洋功能规划，又适合乡土红树林生长的宜林滩涂只有约6000公顷。为了完成国家红树林新造林任务，《全国湿地保护“十三五”实施规划》鼓励退养还湿、退塘还林。

（3）近海环保与养殖业自身发展的需要。

沿海虾塘是广西北部湾的面上污染源，养殖污水和池塘底泥排放具有明显的时空性，集中在每年1～2次的清塘期，污染物浓度是自然海水的数十倍，往往是港湾和浅海生态灾难的导火索。随着海区和虾塘自身污染的加剧，鱼虾病泛滥，广西虾塘养殖成功率长期徘徊在35%左右，养殖风险突出。2014年，广西56%左右的虾塘因为环境和病害等问题无法进行养殖而撂荒；2016年，广西合浦县党江镇的虾塘养殖成功率不到15%，养殖污染已严重制约虾塘养殖的自身发展，严重影响群众生活。从历史发展过程看，我国的海水池塘养殖已走过了粗放的传统养殖模式、环境友好养殖模式阶段，在国家对生态环境高度重视的今天必将迎来生态养殖新阶段（图6-8）。

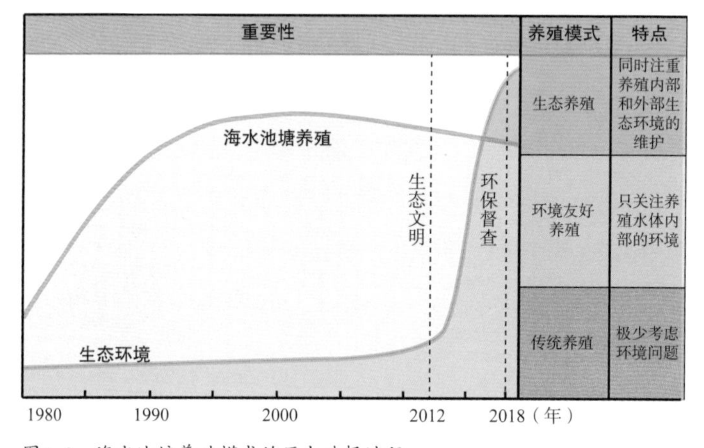

图6-8　海水池塘养殖模式的历史选择过程

退塘还林的最大难点是虾塘所有权的变更、巨额的财政补偿和养殖户再就业问题。变更使用权、保就业的新生产模式是我国和东盟沿海国家的共同需求。为此，2017年3月28日发布的《全国湿地保护"十三五"实施规划》明确指出："在广西等地传统虾塘内局部恢复红树林湿地，创建不同的生态养殖技术方法和示范基地。"

生态文明建设不仅仅是自然保护，更是建设高效、可控的人工生态系统，促进经济可持续发展的创新过程。在长期研究试验的基础上，广西红树林研究中心于2017年正式提出的"虾塘红树林生态农场"理论模式，可以在虾塘内局部扩展红树林增加"蓝碳"，进行生态养殖确保就业，减少养殖污染排放，减轻近海环保压力，符合国家退塘扩种红树林的战略需求（图6–9）。

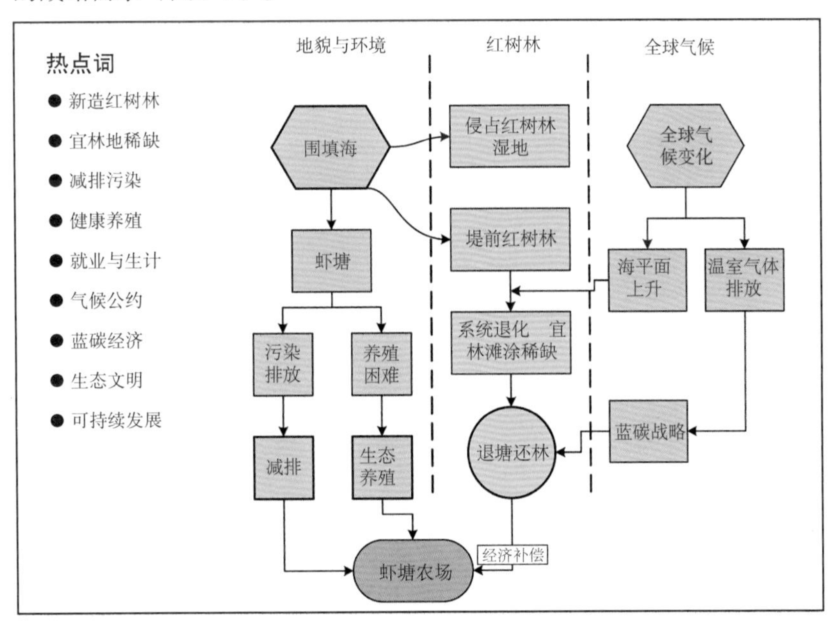

图6–9　虾塘红树林生态农场战略需求因果分析

（二）虾塘红树林生态农场的基本原理

生态养殖是根据物种共生互补和自然界物质循环原理，使不同生物在同一空间和环境中共同生长，以期提高养殖效益、减少养殖污染物排放的一种养殖方式。

针对目前传统虾塘养殖缺少植被、养殖品种单一、生物多样性简单、污染突出、风险较高等问题，广西红树林研究中心提出将40%～60%的虾塘水面用于重建红树林湿地，剩余水面用于养殖，湿地进行野生动物增殖保育，水体内循环，实现传统虾塘养殖的生态改造与产业升级的基本技术路线（图6-10）。

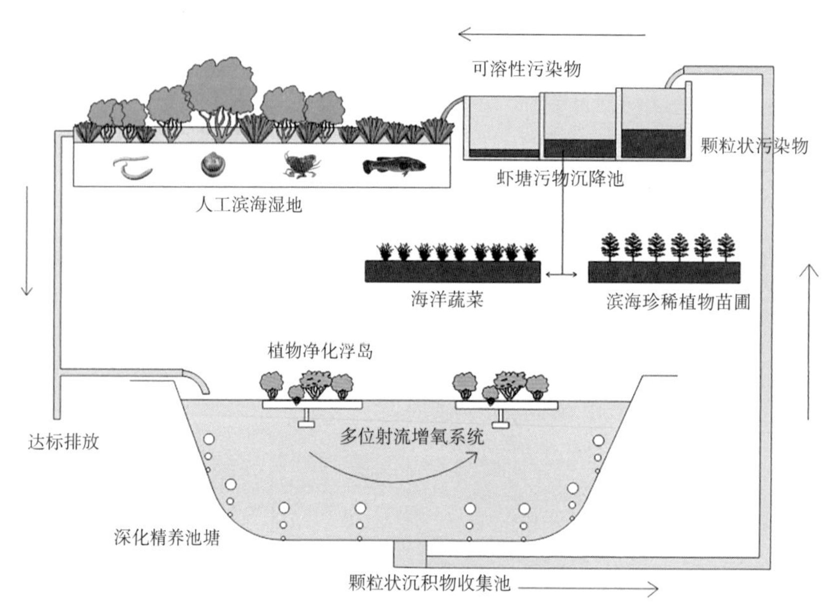

图6-10 虾塘红树林生态农场基本原理示意图

一般而言，养殖污染物中颗粒状悬浮污染物占90%，可溶性污染物占10%。前者可用物理沉淀方法移除，剩余的可被底栖动物滤食；后者可被湿地微生物降解、被植物部分吸收。物理沉淀得到的沉积物富含氮、磷，可用于培育耐盐海洋植物，发展海洋绿色产业。与传统虾塘相比，虾塘红树林生态农场将“养殖—增殖—种植”同时配置在原有的虾塘内，延长了食物链，增加了产出环节，提高了物种多样性，增强了系统稳定性，降低了生产风险，减少了污染排放，提升了滨海景观价值。

虾塘红树林生态农场不同于砍伐40%～80%红树林以后建立起来的

粗放的基围养殖模式，后者破坏滩涂红树林、污染大、产量低。生态农场的本质是在没有红树林的毁弃虾塘内重建人工生态系统，其特征突出表现为植被重建、恢复物种多样性、污染减少、产品多样、经济效益稳定、生态效益显著、可持续发展。

（三）虾塘红树林生态农场的设计蓝图

1. 地形与水系统改造

在现有虾塘塘底的基础上再挖深0.5～1.5米，创建红树林人工湿地。挖掘出的底泥用于修建比人工湿地高的集约化池塘塘堤。通过加高塘堤，尽可能增加养殖水体。通过水位控制，可创造红树林和盐沼植物生长所需的间歇性水淹条件和养殖水体湿地滞留净化时间。从虾塘底部引出养殖污水到物理沉淀池，经过物理沉淀后的水体流入红树林人工湿地进行生物净化，净化后的水体进入净化水体收集池，尔后通过收集池内的水泵再次进入集约化养殖池塘循环利用，也可以部分排放到海区（图6-11）。在能量驱动方面，在条件满足的环节中优先利用潮汐能，鼓励使用风能和太阳能，公共电网提供关键性和保障性电能。为了提高能量利用效率，尽可能使用低扬程水泵。

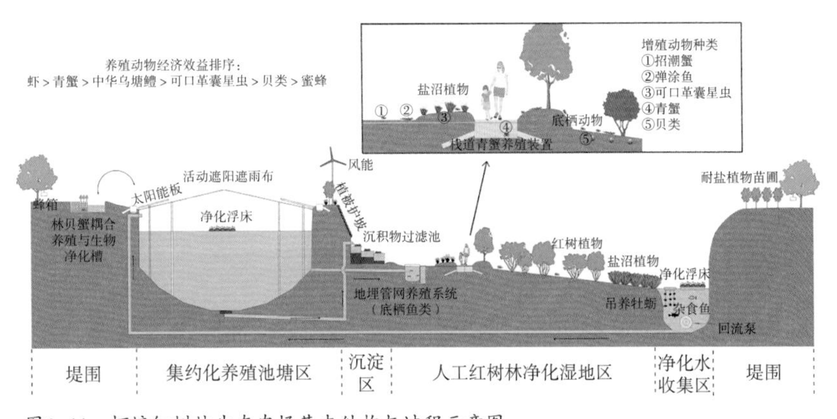

图6-11　虾塘红树林生态农场基本结构与过程示意图

2. 养殖系统配置

集约化对虾养殖池塘水体，通过埋设在地下的水管到达地埋管网鱼类养殖系统，养殖中华乌塘鳢。此后，接驳到移动式滩涂步道青蟹养殖箱，供养殖青蟹使用。其后，水体通过青蟹养殖箱喷淋口进入湿地，供红树林生长和动物增殖。水体经过湿地漫流净化后进入低洼的净化后水体收集池。在净化后水体收集池，净化水体被电力提升，回流到集约化养殖池塘里被重复利用，系统最大高程差控制在6米以内。配置多物种养殖，可有效避免以往单一物种养殖时可能发生的全军覆没的巨大风险，确保最低收益。

3. 增殖系统配置

拟在红树林人工湿地滩涂增殖野生蟹类、经济贝类和市场需求量巨大的可口革囊星虫；在水体收集池底播贝类，吊养牡蛎，放养少量的杂食性鱼虾（图6-12）。增殖保育的作用：①增殖的低品质动物可作为肉食性高品质鱼类和青蟹的补充饵料，减少系统对外界饵料的依赖程度，提高整体经济效益；②充分利用贝类的滤食性净化水体，提高系统水质安全度；③多物种增殖延长了系统食物链，显著增加系统物种多样性，

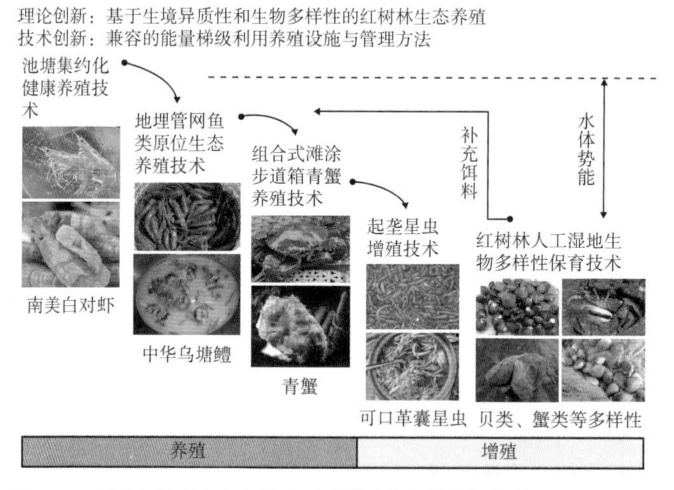

图6-12 虾塘红树林生态农场养殖和增殖的能量梯级利用

在促进红树林生长、增强系统复杂性与稳定性、提高系统生态健康水平的同时，获得部分经济收益。

4. 净化系统

（1）物理沉淀池。对传统虾塘进行形态和结构改造，水下多位喷射既可增加溶解氧，又可驱动水体回旋，促使颗粒状污染物汇集到塘底，通过底排管道进入物理沉淀池进行水体与底泥的分离。沉淀池中沉淀的富含氮、磷的池塘底泥用于栽培耐盐植物（图6-13、图6-14），

图6-13　耐盐植物草海桐

图6-14　耐盐植物海边月见草

水体则进入净化湿地。耐盐植物包括盐角草（*Salicornia europaea* subsp. *europaea*）、番杏（*Tetragonia tetragonioides*）等海水蔬菜，绿化植物和药用植物，创建耐盐植物产业。人工湿地主要种植红树植物，可局部配置茳芏（*Cyperus malaccensis*）、短叶茳芏（*C.malaccensis* var. *brevifolius*）、芦苇（*Phragmites* spp.）和南水葱（*Scirpus validus* var. *laeviglumis*）等多年生耐盐植物，增加碳汇。

（2）湿地净化。湿地滩涂表面进行贝类、蟹类增殖。在集约化对虾养殖池塘水面设置一些海马齿（*Sesuvium portulacastrum*）净化浮岛或藻类网箱，在吸收养殖水体可溶性污染物的同时，为对虾提供生物鱼礁和庇护空间。

（3）林贝蟹耦合养殖与生物净化槽。它是组合红树林、贝类、青蟹形成的一种新装置。该装置可直接抽取虾塘里的水体，净化槽中的贝类滤食虾塘养殖水体中过多的浮游生物，红树幼苗根系吸收水体中的氨氮，青蟹则直接生活在净化槽的蟹笼内。虾塘内的水体经过净化槽后返回到虾塘，实现水体净化与养殖生产空间的统一。

总之，养殖水体通过物理沉淀、湿地降解、贝类滤食、净化浮床等四个途径净化水体，确保系统水质，最终达到减少虾塘红树林生态农场系统污染排放的目的。虾塘植被的重建将美化滨海景观，促进滨海休闲渔业的发展。

5. 辅助系统

实践表明，夏季强降雨导致的盐度急剧下降和强辐射造成的水体异常升温，是海水养殖的最大风险。为了确保生态养殖系统环境的稳定性，降低自然风险，拟在集约化养殖池塘水面的上方修建活动式遮雨遮阳篷。该设施除满足春季、夏季、秋季的生态养殖条件外，还可以在冬季用于重要养殖物种种苗的越冬培育，提高虾塘红树林生态农场单位空间的经济产出。

为了确保人工湿地红树林的快速恢复和林下生物多样性的形成，必须尽可能减少人为踩踏活动的干扰。为此，拟在人工红树林湿地内布设主栈桥，组合步道式滩涂养殖箱为辅栈道，一箱多用，降低成本。步道不仅可以减少人为干扰，也可以为生态养殖日常管护、监测、现场科普提供通道。

太阳能和风能是绿色能源，是利用新式能源的发展趋势。虾塘红树林生态农场拟设置太阳能和风能设施，电能主要用于系统不同环节的充氧，为系统运行提供清洁的补充能源，同时起到探索、示范、科普的作用。

6. 监测与信息系统

虾塘红树林生态农场涉及水量、水质、植物、动物、气象、生态环境等要素。系统拟设置一系列因子探头，收集相关视频，集成到中央处理器，建立数据库和查询界面。这些数据和信息为阐明农场科学原理奠定基础，为系统优化和管理优化提供依据，同时逐步实现自动化或智能化管理，减少管理人数。

7. 科普教育

虾塘红树林生态农场是合理利用红树林，促进蓝色经济发展的一个大胆创新，包含了多学科的科学原理、技术手段及管理方法，是公众科普教育的优良平台及应用推广的培训基地。根据习近平总书记的指示，博物馆不必要千篇一律。虾塘红树林生态农场就是一个建立在大地上的、开放的、生动活泼的实景红树林科普馆，兼顾向公众和专家学者开放的功能。

综上所述，虾塘红树林生态农场是一个新陈代谢的有机体（图6–15）。如果以人体来形容，在这个系统中：①回流泵相当于心脏，为湿地模拟潮汐和整个系统的运行提供循环动力；②物理沉淀池相当于排泄系统，定期清除池塘沉积的底泥；③湿地、红树林、林贝蟹耦合养殖与生物净化槽相当于肾脏，分解和吸收可溶性氨氮及多余的浮游生物；④湿地步道、自然繁衍的生物等相当于免疫系统，可降低人为干扰，提高系统抗干扰能力和生态健康水平；⑤多种能源驱动的充氧设备相当于呼吸系统，增加水体溶解氧含量，加快污染物的降解；⑥监测与信息网络是农场的神经系统，发挥感知、决策、反馈的功能。

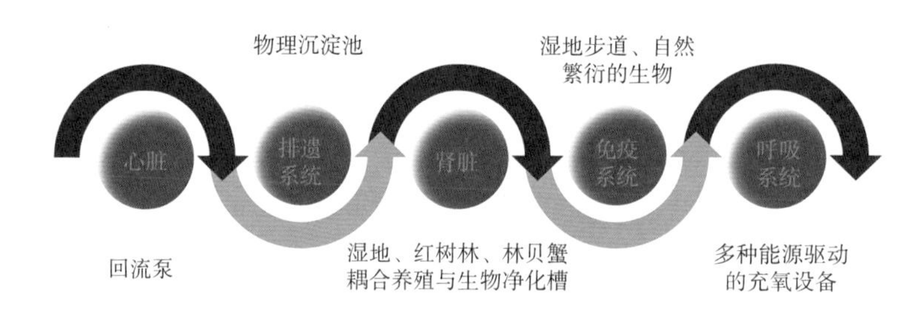

图6-15　虾塘红树林生态农场新陈代谢系统

（四）虾塘红树林生态农场的理论目标

生态文明不是单纯的自然保护，而是在保护前提下的经济发展与文化进步，因此符合自然法则、高效可控的人工生态系统是其科学本质。虾塘红树林生态农场构思遵从“道法自然”之理，采用生态化改造方案，将自然保育、养殖与滨海湿地恢复有机结合起来，既造福沿海人民，又符合区域减排和海洋生态文明建设战略。该模式不改变虾塘所有权，保护群众生计，同时增加红树林面积，提高湿地固碳能力，改善近海环境质量，发展“蓝碳”经济，符合退塘还林政策，值得研发示范。具体来讲，虾塘红树林生态农场的建设目标：①将40%～60%的虾塘重建为红树林湿地，扩大红树林面积，增加碳汇；②生态升级传统虾塘，建立生态工厂，实现红树林“自然银行”功能；③减少养殖污染排放25%以上，保护近岸海洋环境；④改善滨海景观，促进滨海休闲。

虾塘红树林生态农场完全是理论推导出来的新模式，迄今在国内外还没有任何一个先例。在广西壮族自治区党委和政府的重视下，在广西创新驱动发展重大项目的支持下，广西红树林研究中心的科研人员正努力将之变为现实。

（五）虾塘红树林生态农场的应用潜力

据报道，广西北部湾滨海养殖用地由1995年的9024.03公顷增加到2010年的41153.58公顷。《2014中国渔业统计年鉴》表明：2013年广西海水虾塘养殖的面积为2.07万公顷。广西红树林研究中心遥感调查结果显示，截至2013年底，广西沿海的海水虾塘土地总面积约4.68万公顷，去除池塘堤围和道路后的实质性养殖水体面积约3.76万公顷（表6-3）。如果国家统计的2.07万公顷为广西虾塘土地面积，则广西虾塘的利用率为44.23%；如果为养殖水体面积，则虾塘利用率为55.05%，其余虾塘因为污染、病害等问题被闲置或毁弃。

表6-3 广西沿海虾塘面积遥感解译结果统计（2013年12月至2014年1月）

行政区		虾塘土地面积（公顷）	虾塘水体面积（公顷）
防城港市	东兴市	2962.1100	2394.9966
	防城区	1829.0864	1470.1280
	港口区	2897.8157	2329.1191
	小计	7689.0121	6194.2437
钦州市	钦南区	10315.7250	8291.2631
	小计	10315.7250	8291.2631
北海市	合浦县	22354.6762	17967.5690
	海城区	202.0442	162.3930
	银海区	3939.3028	3166.2143
	铁山港区	2251.6099	1809.7312
	小计	28747.6331	23105.9075
总计		46752.3702	37591.4143

毁弃虾塘在我国东南沿海地区及东南亚红树林国家普遍存在。根据我国东南沿海红树林各省（区）虾塘养殖面积的国家统计资料，我们假设了虾塘使用率，粗略估算出2014年中国东南沿海虾塘总面积为240324公顷，为中国现有红树林总面积的9倍以上（表6-4）。从沿海围垦历史

看，东南沿海现有虾塘中至少有10%源自红树林，即2.4万公顷。而我国现有红树林仅2.53万公顷，如果在沿海虾塘建设2.4万公顷红树林湿地生态农场，将会产生巨大的经济效益、生态效益和社会效益，也为东南亚红树林国家毁弃虾塘的再利用提供核心技术。例如，印度尼西亚全国92.65万公顷的红树林虾塘中，能够进行养殖的占72.61%，其余的已经毁弃。

表6-4 2014年中国东南沿海地区虾塘面积估算

省（区）	实际养殖虾塘面积（公顷）	实际养殖虾塘面积占虾塘总面积百分率（%）	虾塘总面积（公顷）
浙江	32025	70	45750
福建	29949	65	46075
广东	72641	85	85460
广西	20307	44	46152
海南	12665	75	16887
合计	167587	—	240324
资料来源	农业部渔业渔政管理局，2015年	笔者	

四、生态海堤

海堤人工岸线已占我国大陆岸线的80%。传统海堤是物理海堤，要么为冰冷的钢筋水泥，要么是荒芜的砌石泥沙，缺少生机。海堤建设在取得重大减灾效果和经济效益的同时，也产生了不少生态问题。例如，海堤建设改变了自然海岸线，侵占了红树林湿地，切断了堤前红树林随海平面上升的后撤之路，破坏了海陆过渡带生物廊道，简化了海岸景观和生物多样性，近年来已引起众多专家学者的质疑。

在广西海洋局的支持下，广西红树林研究中心的科研人员在2012年提出了集物理、生态和文化功能于一体的生态海堤概念，主持完成了概念性规划，指导了广西防城港市西湾红沙环生态海堤整治创新示范工程一期工程。在概念性规划中，科技人员充分利用了广西的红树林、盐沼、滨海耐盐植物和海岸植物资源，遵循植物群落生态学理论，配合海洋工程，提出了我国东南沿海第一条生态海堤的建设蓝图（图6-16、图6-17）。

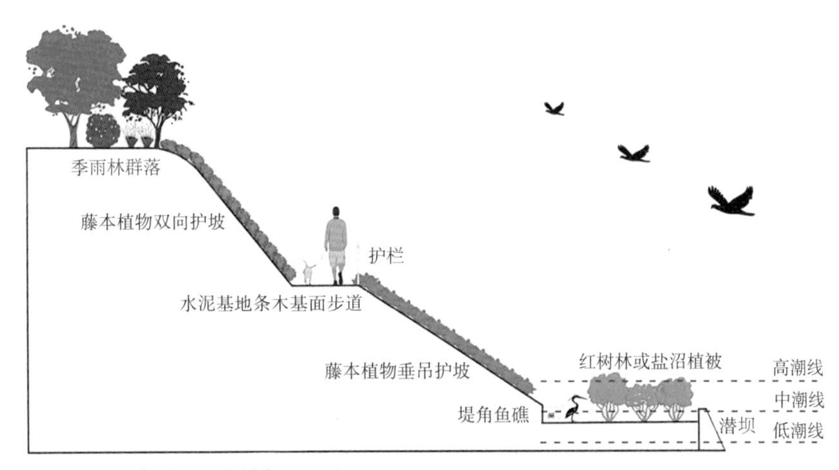

图6-16　生态海堤主体模式剖面图

1. 物理海堤　2. 自然海岸　3. 生态海堤

图6-17　物理海堤、自然海岸和生态海堤的景观比较

广西防城港市西湾红沙环生态海堤一期工程于2013年开工，2014年基本建成，2015年工程验收。与砌石陡墙、钢筋混凝土结构的传统海堤相比，防城港市西湾红沙环生态海堤兼顾了物理抵御、生态防护、文化宣教、休闲娱乐功能，成为防城港市海湾整治的一张名片，也成为市民滨海休闲的一道风景线（图6-18）。

1. 2012年 2. 2017年

图6-18 广西防城港市西湾红沙环生态海堤一期工程实施前后的海岸景观

防城港市生态海堤的成功建设，在生态理念指导海岸整治实践方面迈出了坚实的一大步，为国家海洋局《围填海工程生态建设技术指南（试行）》的编制和发布提供了一个成功范例。防城港西湾红沙环岸线经过此番整治修复，恢复了自然海岸形态特征和生态功能，因此该岸段被列为《广西海洋生态红线》的重点保护自然岸线，这与国家海洋局《海岸线保护与利用管理办法》强调的“整治修复后具有自然海岸形态特征和生态功能的海岸线纳入自然岸线管控目标管理”精神相符。

生态海堤工程极大地提高了人工岸线的景观水平，生态效益和社会效益显著，得到了国家的充分肯定。在2017年“砥砺奋进的五年”大型成就展上，广西防城港生态海堤被选入“构建美丽海洋”成果展出（图6–19）。

图6–19 2017年“砥砺奋进的五年”大型成就展上的广西生态海堤

海堤前连潮间带，后接虾塘，是“合理利用红树林滨海湿地的一体化生态保育技术体系”的一个重要环节，是海陆物种交流的界线。生态海堤的成功经验为塘堤建设的生态化、景观化提供了经验。

五、广西红树林旅游

如果红树林是生态工厂，那么旅游就是推销工厂产品的一个重要平台，是公众加强海洋意识、提高自然保护参与能力的大课堂，还是可持续利用红树林的重要形式。广西红树林旅游目前尚处于粗放阶段，除北海金海湾红树林生态旅游区初具规模外，其余红树林区很少甚至没有开展有组织和管理的旅游活动。

（一）北海金海湾红树林生态旅游区

北海金海湾红树林生态旅游区地处北海市银海区，位于北海市东南隅的西村港出海口，背靠“中信国安北海第一城”，为北海滨海国家湿地公园的一部分，是典型的城市红树林（图6–20）。

北海金海湾红树林生态旅游区拥有4.5公里长的海岸线，面积约5平方公里，其中红树林面积约2平方公里，为我国典型的沙滩白骨壤纯林，零星散生秋茄、桐花树、木榄、海桑、卤蕨、红海榄，局部引种无瓣海桑和拉关木。景区修建了1.3公里长红树林木栈桥（投资200多万元）、疍家民俗表演区、近5公里长的生态彩色自行车道（投资900多万元）和拓展训练区，设置了近100个垃圾箱。

图6-20　北海金海湾红树林生态旅游区景观

旅游区制定并实施《北海金海湾红树林生态旅游区关于红树林保护的规定》，禁止砍树、挖沙、电鱼、高压水枪捕沙虫等行为，维持金海湾红树林原生态性；在每年的3～6月、9～10月候鸟迁徙、繁殖期间，谨慎使用保护区广播喇叭。

据景区工作人员介绍，2013年景区接待游客13万人次，综合收入450万元；2016年接待游客28万人次；2017年接待游客38万人次，综合收入1600万元；2018年上半年接待游客20万人次，比上年同期的16万人次增加4万人次，增长25%。

北海金海湾红树林生态旅游区自2008年5月对外开放以来，先后获得“广西生态旅游示范区”“中国十大魅力湿地”“广西壮族自治区科普教育基地”“全国青少年户外体育活动营地”“香港青少年国情体验和创新创业基地”“AAAA国家级旅游景区”“全国生态文化示范基地”“广西壮族自治区文化产业示范基地”等荣誉称号。如今旅游区已成为国家、广西壮族自治区等各级领导了解北海生态的绿色窗口。2017年4月19日，习近平总书记视察金海湾红树林生态旅游区后，游客数量迅速增长。

由于财力有限，该旅游区目前以观光为主，缺少科普教育和游客生态保护体验设施，基本上没有开展红树林保护与恢复工作。近年来，由于没有执法权，海区污染和违规挖掘海洋经济动物得不到遏制，旅游区红树林及邻近滩涂的海洋动物生物量锐减，团水虱和浒苔暴发，导致局部红树林成片死亡。此外，在原先连片天然白骨壤林内引种拉关木外来树种，形成了鹤立鸡群、色彩唐突的林斑，影响了整体景观，引起专家学者和部分游客的担忧。

（二）钦州仙岛公园

为纪念孙中山先生规划建设“南方第二大港”钦州港，由钦州市委、市政府于1995年9月开始建设钦州仙岛公园。公园与钦州港中心广场遥相呼应，面对钦州港，背靠我国唯一的七十二泾岛群红树林区。公园内已建成广场、环岛路、环山路、花岗岩台阶、风轮台、金鼎坛、聚英台（可容纳500人）、烧烤场，铺设了面积约8000平方米的草地。仙岛公园通过木栈道延伸到红树林内。该地红树林为“桐花树+秋茄”群落，混生白骨壤，长势良好，为广西茅尾海红树林自然保护区的一部分。不过，该地的红树林旅游尚不成规模，基本以零星散客为主。

（三）广西国家级自然保护区的红树林旅游

广西山口国家级红树林生态自然保护区是我国唯一的既是世界生物圈保护区，又是国际重要湿地的红树林自然保护区，名声远扬。这里古老连片的红海榄林、密织的支柱根、遍布滩涂的招潮蟹、星星点点的白鹭给游客留下了深刻记忆。山口红树林热带形态特征突出，是广西红树林的典型代表。尽管该保护区早就提出生态旅游，但由于远离市区、交通不便、设施简陋等原因，旅游业务一直没有得到应有的发展。近年来保护区修缮栈道，基本上终止了观光活动。

广西北仑河口国家级自然保护区位于我国最西端海岸线，毗邻越南，自然资源丰富，景观多样，鸟类繁多，人文气息浓厚，交通便利，又处于东兴国际旅游线路上，是旅游开发的理想地。近年来，保护区陆续建成了5栋大楼，拥有办公、科普、管护和野生动物救护的良好基础设施。保护区的巫头岸段曾经有红树林海鲜大排档，中央环保督导检查之后已拆除整改。防城港市政府曾经计划在该保护区周边建设AAAA级景区，目前看来政策压力不小。

总之，2017年中央环保督导检查以后，政府重申自然保护区以保护为主，慎重开发利用。自然保护区在实验区和缓冲区可以适度开展生态旅游，但不适合进行大规模的基础建设和公众旅游；即便开展生态旅游，也要在旅游设施、游客数量、旅游产品、游客行为等方面做出严格规定和监控。国家湿地公园和海洋公园不同于自然保护区，允许在保护前提下进行合理开发利用。从组织方式、旅游产品、科学理念、科普设施和管理能力等方面看，目前广西的红树林旅游基本上为观光旅游，还不是严格意义上的生态旅游。

（四）区外红树林旅游的一些成功范例

1. 厦门筼筜湖人工红树林景观区

厦门金砖会议期间，习近平总书记主要会客点选在“筼筜书院”，这跟筼筜湖的红树林、白鹭和咸水潟湖的美丽风光及清新空气有直接关系。

筼筜湖旧称筼筜港，位于厦门岛西南部，原与大海相通，用作母港码头。后围海造田，筑起浮屿到东渡的西堤，从此，筼筜港成为内湖，水域面积为1.7平方公里。20世纪80年代，筼筜港污染严重，臭气熏天，严重影响居民生活和城市形象。80年代末期至1999年，厦门市政府共投入治湖资金3.5亿元进行筼筜湖一期、二期的综合整治，湖边种植红树林，吸引来大量的白鹭，如今闻名遐迩，游人如织。

2. 深圳福田红树林自然保护区

位于深圳湾北东岸深圳河口的福田红树林自然保护区成立于1984年，1988年定为国家级自然保护区。福田红树林自然保护区面积为368公顷，有70公顷天然红树林，189种鸟类，其中23种为国家保护的珍稀濒危鸟类。保护区缓冲区内的基围鱼塘、芦丛洼地等生境复杂多样，为鸟类盘旋飞翔和觅食提供了空间。

福田红树林自然保护区背靠美丽宽广的滨海大道，与滨海生态公园连成一体，面向深圳湾，不仅是生物的乐园，也是人们踏青、赏鸟、观海、体验自然风情的好去处，已被命名为深圳市环境教育基地（图6–21）。

深圳福田红树林自然保护区只对学生和科研人员开放，需预约才

图6-21　深圳福田红树林国家级自然保护区景观

能进入，市民只可在紧邻自然保护区的滨海生态公园内活动，在视觉上享受自然保护区的景观福利。深圳福田红树林自然保护区虽然是中国面积最小的国家级自然保护区，但功能分区科学、基础设施完备、管理到位、理念先进。保护区的主要职责是自然保护宣传和环境保护意识教育，并不是旅游开发，但却极大促进了深圳旅游业的发展。为了进一步提升城市生态品牌，深圳市将建设中国红树林博物馆，原计划投资近5亿元，最近决定增加投资至20亿元左右。

（五）区外红树林旅游开发的一些启示

红树林旅游开发档次跟经济社会发展程度有直接关系。厦门市和深圳市地方财政情况良好，比起收费旅游带来的直接经济效益，更注重红树林在提高市民保护意识与科学素质、提升城市生态品牌中的作用。因此，他们的红树林旅游完全免费，可带来的间接效益却十分巨大。海南省海口市的东寨港国家级红树林自然保护区曾经引进专业旅游公司开展红树林收费旅游，但利益促使公司违规修建红树林栈道，最后被强行拆除。

诚然，广西是一个欠发达地区，政府支持公益的财力有限。“他山之石，可以攻玉”，兄弟省份的成功经验和教训对我们有很大的启示意义，与发达地区相比，广西红树林旅游方面确实存在较大差距，突出表现在以下几个方面。

（1）对红树林保护与利用之间的辩证关系认识不到位。过去认为红树林阻碍沿海发展，如今则认为要对红树林进行绝对保护，尤其是中央环保督导检查之后更是如此。没有摆正保护与开发利用的关系，思想不够解放。

（2）对红树林经济价值认识不足。旅游部门对红树林的价值了解不够，如在旅游评价中红树林的价值还比不上高尔夫球场。实际上，城市绿地造林与日常维护费用目前远远超过红树林，红树林不需要特别投入就可以自生长、自维持，美化海岸，净化环境，为海洋动物提供栖息地。例如，福建省泉州市一年城市绿化成本10亿多元，而泉州湾400多公顷固碳量超过全市的城市绿化森林的红树林，获得的投入却远远低于城市绿化投入。

（3）对生态旅游的误解。红树林旅游不能仅仅局限于狭义的收费旅游，更应该为市民免费提供优美海岸和亲海环境，是为民办实事的举措。随着经济发展，广大群众对海岸环境建设的要求越来越高，反过来会促进设施良好、产品丰富的其他收费旅游。

（4）忽视科技对生态旅游的支撑作用。突出表现为科技人员很少参与红树林生态旅游规划和旅游资源监测，旅游区管理往往落实在行政文件上而不是科学数据上，缺少着力点，不接地气，旅游产品单一。此外，忽视科技支撑作用还表现在对创新利用红树林的新技术、新模式重视不够，在引领“绿水青山就是金山银山”上的办法、模式、举措不多。

（5）缺少战略定位。没有用好面向东盟的生态交流地理优势，没有在战略层面上树立具有国家或区域性号召力的旗帜。

（6）旅游可以跟其他产业相结合。随着“海上丝绸之路”建设的推进，广西作为我国面向东盟的桥头堡，在彰显我国应对全球气候变化和生态保护“负责任大国”形象、展示新发展理念和引领生态经济发展方面，有着不可替代的作用。

因此，建议在北海廉州湾打造“中国—东盟红树林滨海湿地生态产业示范园区”，在全球树立利用红树林发展经济的旗帜。其理由有四个：①廉州湾是广西规模最大的河口区，在广西海洋功能区划上以农渔业用海为主。河口区淡水资源和红树林资源丰富，退塘还林时在虾塘内种植红树林的难度较小。②廉州湾海岸目前不是自然保护区，不受自然保护法规的严格限制。该海湾尚未大规模布局工业，北海市拟在此区域建设滨海新区。③北海市沿海养殖池塘面积占广西沿海养殖池塘总面积的61.08%，主要集中在廉州湾沿岸，然而其养殖成功率在2016年不到15%，虾塘大量荒置，客观上具有寻求产业转型的内生动力。④廉州湾是古代“海上丝绸之路”始发港，如果在此湾打造“中国—东盟红树林滨海湿地生态产业示范园区”，可突显“海上丝绸之路”的生态环保理念。示范区可整合房地产、酒店、休闲旅游、环保型工业、新农村建设、生态养殖与种植等，将水系、红树林和陆岸植被与人们生活及生产要素有机耦合起来，形成一个人与自然和谐的田园复合体与休闲景观。政府在廉州湾开发顶层概念性规划时，如果考虑“红树林滨海湿地生态产业”概念，可以为廉州湾滨海新城增添一个亮点、一张名片。

六、红树林海岸房地产

近25年来，不断走高的滨海土地价格在充实了地方财政的同时，也导致了高房价，成为国家的调控重点。笔者无意为高房价加油，只是从滨海景观的角度探究红树林在海岸土地价格形成中的作用及程度，打消一些人“生态建设就是亏本买卖”的落后观念。当然，并非所有的红树林海岸都是发展房地产的好地方。城市可以借助红树林提升土地价值，农村可以利用红树林的优良环境打造生态海产品牌。

随着城镇化的不断推进，生活在钢筋水泥的高楼大厦里的人们越来越需要大自然的心灵滋润，修复其疲惫的身心，这一现象跟城市规模成正比。城市越大、越发达，则红树林海岸的土地价格越高。从购买者的经济收入情况看，低收入者购房看空间，中等收入者看配套，高收入者看环境。红树林公园大部分分布在经济发达的城市及其周边地区，红树林已成为众多楼盘促销的卖点。

近3年来，笔者先后对广西、海南、广东和福建的红树林保护与开发利用情况进行了调研，发现在欠发达地区红树林海岸的楼盘比一般滨海楼盘贵20%左右，而在深圳、厦门等发达地区一般贵80%，甚至一倍以上，“绿色海岸就是黄金海岸”得到充分的诠释。这一判断得到当地专家学者、政府官员及市民的普遍认同。

此外，红树林和海岸生态整治是一个带，而沿岸的土地却是一个大面，用小面积的带状小投入来撬动大面积的滨海土地的大增值，其机理就是“生态杠杆”。在美丽中国建设中，“生态杠杆”可以起到四两拨千斤的作用，也是一种供给侧结构性改革，有利于提高全民的环保意识和国民素质。

深圳湾的房地产、海南富力地产、福建泉州湾和厦门的房地产均是这一定律的典型案例。由于案例众多，这里仅以厦门和广西为例说说红树林海岸房地产升值的故事。

（一）厦门红树林房地产

厦门市对恶臭的筼筜港整治以后，形成了水域面积约1.7平方公里，绿化面积约31.5万平方米，红树林郁郁葱葱的美丽湖景（图6-22）。如今筼筜湖周边已成为厦门市政治、金融、文化中心，高楼林立，房价从每平方米数千元一路飙升到现在的每平方米8万元左右。

图6-22　厦门筼筜湖景观

厦门下潭尾滨海湿地公园位于环东海域东北角、厦门市翔安区火炬大桥东西两侧海域，历史上沿岸均为养殖滩涂和池塘。为了整治海湾，在国家海洋局2.8亿元海湾整治专项资金及厦门市政府的巨资配套下，政府征用了滩涂和养殖池塘种植红树林，建设总面积为404公顷的湿地公园，其中计划种植人工红树林面积80公顷。2010年，一期工程启动，2017年已种植红树林44公顷。湿地公园规划建设观鸟亭、景观木栈道、码头、长廊、特色景亭、停车场等附属设施，串联起水上和岸上的风景。据悉，下潭尾滨海湿地公园项目预计于2019年12月完成主体施工，之后会局部开放（图6-23）。

作为今后厦门面积最大的红树林湿地，下潭尾滨海湿地公园不仅能有效改善周围环境的生态系统，未来还将建成集科普、环保、旅游、休

图6-23 建设中的厦门下潭尾滨海湿地公园

闲、观赏、健身为一体的滨海湿地公园。据厦门市领导和专家介绍，修建的湿地公园营造了绿色海湾，景观迷人，为海洋生物提供了理想的发育、生长、栖息、避敌场所，吸引了大量海鸟、鱼、虾、蟹、贝等生物来此觅食栖息，繁衍后代。湿地公园才完成一期工程，周边的房地产价格就因此涨了一倍以上。地价的提高不仅可以平衡财政的巨大投入，而且极大提升了厦门作为“碳中和”城市的国际地位，实现了习近平总书记提出的“绿水青山就是金山银山”的理念，受到参加金砖会议各国元首的称赞。

厦门市将蓝色海湾、城市生态品牌与经济效益结合起来，海岸和海湾片区开发成本（包括红树林修复的费用）由片区开发得到的收益来平衡，同时增强市民对红树林生态海岸价值的认同感与支付意愿，形成财政良性循环，值得广西借鉴。

（二）广西红树林海岸房地产

作为欠发达地区，红树林作为楼盘卖点的潮流正在北海、防城港形成，其突出的代表是“中信国安北海第一城”和防城港西湾。这两处的房价在过去一年多的时间里从每平方米4000元左右起步直逼万元，实现了翻番。尽管这里有海南全域限购后的人为炒作因素和金融因素，但不可否认红树林海景房升值快的事实。

1. 中信国安北海第一城

北海中信国安实业发展有限公司是中信国安集团公司全资子公司。中信国安北海第一城项目是“央企广西行”重大签约项目、北海市重大项目，预计开发建设周期为10年，分三期建设。

该项目位于广西北海市主城区东南侧，银滩旅游度假区以东，规划中的文化教育旅游新城区内，占地面积约445公顷，规划建筑面积约329万平方米，居住人口约4.7万，享有7.9公里海岸线，总投资近300亿元，是北海市乃至广西区内规模最大、海岸线最长的一线生态海景旅游度假项目。项目背靠我国典型的沙滩白骨壤红树林，清新的空气、飞翔的白鹭、广阔的沙滩是其不可复制的环境优势（图6–24、图6–25）。北海中

图6–24　中信国安北海第一城前白鹭成群

图6-25　中信国安北海第一城

信国安实业发展有限公司深刻认识到海岸景观对产业的促进作用，积极协助金海湾红树林公司完成了红树林景区AAA升AAAA景区相关改造工程；与中国科学院合作，完成了中信国安北海第一城项目生态保护总体规划，积极实施“生态导向型发展”模式（EOD模式），在开发中保护好生态环境，守护好北海的碧海蓝天，努力将中信国安北海第一城项目区域建设成为国家级景观生态示范区。

目前看，虽然中信国安北海第一城远离北海主城区，较为偏僻，但南下的“候鸟一族”还是被红树林海岸深深吸引，纷纷购房置业，房价已由3年前的每平方米4000元不到升至2018年上半年的每平方米9000元左右。

2. 防城港西湾

防城港西湾也是广西红树林海岸房地产暴发的一个典型。西湾分布着162.19公顷的红树林。2002年，防城港马正开行政新区开发伊始，政府没有将沿岸的红树林一网打尽，而是通过涵洞保留了如今行政区前的红树林，现已成为全国唯一的相对封闭的红树林大型园林景观（图6-26）。此外，西湾还进行了超过3000米长的海岸整治和生态海堤建

图6-26 防城港西湾行政新区前的红树林

设。所有这些都极大提升了周边房地产的环境品质。由于人口少，地处祖国边陲，防城港市一度被认为是“死城”“鬼城”，海景房房价长期徘徊在每平方米3500元左右。随着过去几年海湾和海岸整治的不断推进，城市配套日趋完善，再加上宜人的环境、优美的景观，房价终于迎来了2018年上半年的春天。据说，恒大地产集团防城港有限公司的楼盘已突破每平方米1万元大关。

决定房地产价格的因素众多而复杂，红树林在房地产增值中的作用只是其中的一部分。但是，在只要资金充足，所有的基础设施和配套都可以被奇迹般创造出来的今天，红树林却不是有钱就可以解决的问题，它的生长需要海水和适宜的海岸地形地貌。因此，在其他条件都满足的前提下，红树林就成为房地产定价不可取代的关键变量。如何合理利用红树林资源，促进滨海生态恢复和城镇现代化建设值得广西深思。

第七章 广西红树林自然保护与研究事业

广西是我国红树林的重要分布区，毗邻越南，在21世纪“海上丝绸之路”的生态战略中占据特殊地位。在党中央和各级人民政府的重视下，广西在红树林自然保护区建设、红树林保护规章、科学研究及国际合作方面开展了大量工作，为促进我国红树林保护和科学研究事业的发展，提升我国在海洋生态环境问题上负责任的大国形象做出了重要贡献。

一、党和人民政府的重视

相对于广袤的陆地森林，我国的红树林面积小到可以忽略不计。幸运的是，红树林并没有因为面积小而被遗忘，广西乃至全国的红树林保护事业正是在党和人民政府的关怀和支持下才逐步得到社会的重视，并成为今天海陆过渡带环保事业的闪亮标志。

2017年4月19日，习近平总书记视察广西北海金海湾红树林生态保护区时指示“一定要尊重科学、落实责任，把红树林保护好”，“要做好珍稀植物的研究和保护，把海洋生物多样性湿地生态区域建设好”。2018年5月18日，习近平总书记在全国生态环境保护大会上关于“坚决打好污染防治攻坚战，推动我国生态文明建设迈上新台阶”的讲话，无疑将在具体政策和行动上把红树林保护与利用工作推向新高度。

2014年4月11日，李克强总理视察海南东寨港国家级红树林自然保护区。在红树林边的渔村里，71岁的老渔民黄宏远递给李克强一支船桨，说为了保护红树林，自己不再打鱼。李克强说，这把桨应该放进博物馆珍藏起来，向世人表明我们保护生态的决心。

2008年10月4日下午，温家宝总理在广西北海白虎头海滩考察时，仔细观察沙滩情况，对生态环境保护发表了讲话："大家知道，我们国家沿海地带很多地区生态遭受破坏，但是北海到钦州这一带还保存着大片的红树林。红树林其实是一个标志，说明海水还没有污染。如果一旦红树林没了，海水遭受污染了，那么绿藻、蓝藻就出现了，富营养化，那不是我们的目标，而是我们应该坚决避免的。就是要做到人与自然相和谐，就是要把保护生态环境放到第一位。为什么这么讲？我说生态环境也是优势，也是竞争力。"

1992年7月6日，国务委员宋健同志不辞辛苦亲赴广西合浦县山口镇，参加了广西山口国家级红树林生态自然保护区成立的揭牌仪式，留下了"建好红树林保护区，保护珍贵生物资源"的墨宝，从此红树林开始逐步进入我国公众的视野。

广西壮族自治区党委和政府也高度重视红树林的保护与利用工作。2014年8月30日，自治区党委书记彭清华、自治区人民政府主席陈武在听取笔者"发挥广西海洋特色生态资源，创立面向东盟的国家级海洋生态文明示范区"的汇报后，对传统虾塘弊病、破坏生态环境、如何提升改造、促进传统养殖业转型升级、实现绿色发展等问题高度重视，当即作出指示：要按照科技引领、绿色发展、研发示范、规模推广的思路尽早拿出一个应对方案。经过调研和论证，2018年，广西壮族自治区人民政府办公厅将"虾塘红树林生态农场"建议纳入"2018～2020年创新驱动发展战略，打造广西九张创新名片"工作方案之中。

二、广西红树林自然保护地

自然保护区、海洋公园和湿地公园是保护红树林的不同形式。自然保护区为级别最高、最严格的保护形式，强调绝对保护，实验区和缓冲区的一切人为活动都要服从于绝对保护。海洋公园和湿地公园则强调将保护、恢复和合理开发利用有机结合起来，为公众展示可持续的经济发展理念。为了保护和合理利用红树林，广西已建立了2个国家级自然保护区、1个省级自然保护区、1个国家海洋公园、1个国家湿地公园和6个红树林自然保护小区，它们构成了广西红树林保护事业的主体。

由于历史局限和机制不顺，广西红树林保护工作者的生活和工作条件一度十分简陋，收入微薄，但他们艰苦奋斗，任劳任怨，为今天的广西留下了总体完整的生态系统，值得敬佩。如果没有这些保护工作者，在资本及各种压力下，广西许多港湾的原生红树林可能早已不复存在。

（一）广西山口国家级红树林生态自然保护区

1987年，由李有甫老先生执笔，广西合浦县林业局起草了建立山口红树林生态自然保护区的申请报告。1990年9月经国务院批准，广西山口国家级红树林生态自然保护区成立，是我国首批建立的五个国家级海洋类型自然保护区之一，由国家海洋局主管。山口国家级红树林生态自然保护区管理处成立于1993年，下辖英罗管理站和沙田管理站。2001年前，山口国家级红树林生态自然保护区管理处的行政管理权归属合浦县人民政府；2001年后，其归属广西国土资源厅。

保护区范围包含合浦沙田半岛东侧英罗港和西侧丹兜海两部分区域，总面积约8000公顷，其中核心区800公顷，缓冲区3600公顷，实验区3600公顷；保有红树林面积逾800公顷。

保护区于1994年被列为中国重要湿地；1997年加入中国人与生物圈保护区（CBR）网络，并与美国佛罗里达州鲁克利湾（Rookery Bay）国家河口研究保护区结成姐妹保护区关系；2000年加入联合国教科文组织人与生物圈保护区（MAB）网络；2002年列入国际重要湿地（Ramsar Site）名录。

保护区内生物多样性丰富，有乡土红树、半红树植物11科14属14种，其中连片红海榄纯林面积全国罕见，是红海榄的种质库。保护区内的红树林及其生境为海洋生物提供了支持，其中包括广西沿海常见的中华乌塘鳢、弹涂鱼、虾虎鱼、青蟹、沙蟹、红树蚬、可口革囊星虫、光裸方格星虫、鲎、海马、中华白海豚等。保护区内红树林还是鸟类聚居或频繁光顾的场所，有包括候鸟在内的鸟类近200种。寥寥10余种红树植物构成的森林，却是物种丰富的生物大世界。

（二）广西北仑河口国家级自然保护区

广西北仑河口国家级自然保护区的前身是1983年由原防城县人民政府批准建立的山脚红树林保护区。1990年，该保护区经广西壮族自治区人民政府批准晋升为自治区级北仑河口海洋自然保护区；2000年4月，经国务院批准晋升为国家级自然保护区。2001年7月，保护区加入了中国人与生物圈组织；2004年6月，加入中国生物多样性保护基金会，并作为该基金会下属的自然保护区委员会成立的发起单位；经过激烈的国际竞争，2005～2008年该保护区被选为联合国环境规划署南中国海项目国际示范区；2008年2月，被列入国际重要湿地名录；2013年，被环境保护部和教育部联合评为首批“全国中小学环境教育社会实践基地”。

保护区总面积为3000公顷，2000年红树林面积为1131.3公顷，主要连片分布于珍珠港内，并在巫头、榕树头和北仑河口等处断续分布。保护区内有红树植物11种，半红树植物7种。红树林所构成的生态系统中生物多样性丰富，所记录的鸟类达250余种，其中有国家一级保护鸟类1

种，国家二级保护鸟类36种；候鸟中的勺嘴鹬、黑脸琵鹭等珍稀鸟类不时造访保护区。珍珠港红树林外滩涂上还分布有海草，与红树林相互作用，共同支持海洋生物多样性。保护区的红树林属跨境红树林，与越南的红树林形成生态连通关系。

（三）广西茅尾海红树林自治区级自然保护区

广西茅尾海红树林自然保护区于2005年11月17日由广西壮族自治区人民政府批准成立，由林业部门主管，属自治区级自然保护区。保护区由康熙岭片、坚心围片、七十二泾片和大风江片四大片组成，是全国最大最典型的岛群红树林区的所在地。2015年和2018年该保护区边界分别进行了调整，2018年调整后的保护区面积为4896公顷，有林面积2340.8公顷。

保护区东与北海市合浦县的西场镇交界，西与防城港市的茅岭镇接壤，内有茅岭江、钦江、大风江入海，河流与海流的共同作用在入海口形成泥沙质平滩、潮沟和岛屿，构成典型的海叉地形。保护区内有红树植物11科14种，除了木榄、秋茄、红海榄、白骨壤、老鼠簕等红树植物，还有苦郎树、黄槿、海杧果等半红树植物。红树林成带状沿岸分布和绕岛分布，在潮起潮落中郁郁葱葱。

红树林中包含着丰富多彩的生物世界，海洋生物、鸟类、昆虫、爬行动物等各得其所，安居繁衍，其中有属国家二级保护动物的鸟类。保护区内外浅海是多种经济海产的繁育场所，常见的有二长棘鲷、海鲶、文蛤、牡蛎、长额仿对虾、刀额新对虾、长毛对虾、锯缘青蟹、三疣梭子蟹等。保护区内红树林生态系统与河口生态系统、海湾生态系统共同构成了生产力高的海域，浮游植物、浮游动物、甲壳生物、底栖生物、游泳生物、鸟类等各营养层级的生物在生态系统中生机勃勃，构成了水肥林茂、藻密蚝丰、鱼欢虾跳、虫宿鸟飞的充满活力的生态系统。

（四）广西钦州茅尾海国家海洋公园

广西钦州茅尾海国家海洋公园于2011年由国家海洋局批准成立，是我国首批国家级海洋公园之一。2017钦州市人民政府批准创立“钦州茅尾海国家级海洋公园管理中心”，核定事业编制5人。

广西钦州茅尾海国家海洋公园南至七十二泾南缘，西临防城港市与钦州市的海域行政界线，北端延伸至广西茅尾海红树林自然保护区南缘，东接茅尾海辣椒槌片区，面积为3482.7公顷，其中红树林面积26.7公顷。海洋公园顶部有连片面积较大的红树林和“红树林—盐沼”区域，还有牡蛎采苗区。茅尾海是河海交汇区，水文、地形、生物等条件极利于近江牡蛎的生长繁衍，造就了我国最大的近江牡蛎采苗区和重要的近江牡蛎养殖区。海洋公园的建立，有利于近江牡蛎亲贝的保护。

（五）广西北海滨海国家湿地公园

广西北海滨海国家湿地公园于2011年1月由北海市政府申报建设。2011年3月，国家林业局批准北海湿地公园项目开展为期5年的试点建设，2016年8月通过国家林业局评估验收。广西北海滨海国家湿地公园是广西第一家正式授牌的国家湿地公园，也是北海金海湾红树林生态旅游区的所在地，是北海冯家江间歇性河口湿地环境整治的海岸。

广西北海滨海国家湿地公园湿地面积为2009.8公顷，其中红树林面积193.08公顷，包含水库湿地、河流湿地和滨海湿地三种类型，范围自鲤鱼地沿冯家江至大冠沙。公园内滨海植被和红树林的维管束植物种类有672种，构成了海岸线上郁郁葱葱的绿色森林。林间鸟类时隐时现，忽而振翅飞翔，蔚为壮观。丰富的鸟类以候鸟居多，其中不少为具保护价值的珍稀鸟类，表明此地为候鸟所青睐的停歇和觅食宝地。林下滩涂亦生机勃勃。弹涂鱼动若脱兔、游跳敏捷；招潮蟹安则横行滩面，危即速窜洞穴，挥螯击壳发出的威胁或求偶之声此起彼伏。林外滩涂还是方格星虫的适宜生境，出产之沙虫味道鲜美，名闻遐迩。每年7～8月，白骨壤果实成熟之际，村民都会进入林子采摘，是为传统。

（六）广西红树林自然保护小区

自然保护区面积较大、门槛高、申报手续繁杂、管理严格。对于自然保护区以外面积小、分散分布，但是具有重要保护价值的红树林斑块，可以采用自然保护小区的方式进行保护。自然保护小区是自然保护区的延伸和补充，对于拯救稀有的濒危物种，保护生态系统的完整性和生物多样性，维护生态平衡，促进社会经济发展和自然资源的保护与可持续利用都具有十分重要的意义。

自然保护小区具有占地面积小、设置程序简单、建设快速简洁、管理灵活便捷、保护对象针对性强、社区自我管理、提升公众知识和意识等优点，可有效对现行自然保护区布局和功能进行补充与完善，在生物多样性保护中能够发挥自然保护区无法起到的作用，是野生动植物保护及自然保护区建设体系的重要组成部分，在生物多样性保护中具有重要意义。

2010年《广西森林和野生动物类型自然保护小区建设管理办法》出台，现已建立红树林自然保护小区6个，均分布于北海市。

2012年11月，北海市银海区林业局批准成立“平阳镇横路山红树林自然保护小区”，面积为44.3公顷，主要保护对象为红树林。

2012年11月，北海市海城区农林水利局批准成立“高德垌尾红树林自然保护小区”，面积为31.96公顷，主要保护对象为红树林。

2012年11月，北海市铁山港区林业局批准成立“铁山港白龙古城港沿岸红海榄自然保护小区”，面积为60.2公顷，主要保护对象为红海榄。

2012年12月，合浦县林业局批准成立“党江镇木案红树林自然保护小区”和“沙岗镇七星红树林自然保护小区”，面积分别为9.2公顷和10.5公顷，主要保护对象为红树林。

2013年12月，合浦县林业局批准成立“党江镇渔江红树林自然保护小区”，面积为2.44公顷，主要保护对象为红树林。

三、广西红树林保护的法律法规

（一）广西已有的红树林保护规章与自治区立法必要性

1. 广西已有的红树林保护规章

广西是我国较早颁布红树林保护规章的省（区）之一，但缺少红树林保护条例。由于经济欠发达，保护与发展之间的矛盾突出。长期以来，每逢发生破坏红树林的恶性事件，地方政府第一个想到的就是立法或法规修订。立法固然重要，但执法更加关键，那种以为一旦立法就万事大吉的时代正在远去。

目前，广西各级政府已经颁布（修订）的红树林管理办法有6个，分别是《关于加强国家级山口红树林生态自然保护区管理的通告》（合浦县人民政府，合政〔1991〕1号）；《山口红树林生态自然保护区管理费和资源利用补偿费收费标准》（广西区财政厅和区物价局，1998年）；《关于严禁破坏山口国家级红树林生态自然保护区生态环境的公告》（合浦县人民政府，2001年）；《关于进一步加强红树林资源保护管理工作的通知》（合浦县人民政府，合政发〔2003〕184号）；《广西北海滨海国家湿地公园保护管理办法（试行）》（北政办〔2016〕103号）；《广西壮族自治区山口红树林生态自然保护区和北仑河口国家级自然保护区管理办法》（广西壮族自治区人民政府令，2018年第125号。本办法自2018年3月1日起施行。1994年7月1日发布、1997年12月25日第一次修正、2004年6月29日第二次修正、2010年11月15日第三次修正的《广西壮族自治区山口红树林生态自然保护区管理办法》和《广西壮族自治区北仑河口海洋自然保护区管理办法》同时废止）。它们在广西红树林保护中发挥了重要作用。

2. 自治区立法保护的必要性

在国家层面上，与红树林有关的主要法律法规有《中华人民共和国海洋环境保护法》（2016年11月7日修订）、《中华人民共和国森林法》（2009年8月27日修订）、《中华人民共和国自然保护区条例》（2017年10月7日修订）、《海洋自然保护区管理办法》（1995年5月29日国家海洋局发布）。在自治区层面上，广西颁布了《广西壮族自治区湿地保护条例》（2014年11月28日修订）、《广西森林和野生动物类型自然保护小区建设管理办法》（2010年7月5日起施行），但没有专门针对红树林的保护条例。

据不完全统计，中国现有的20个自然保护区、9个湿地公园、2个海洋公园，共计保护了18468.13公顷的红树林，占全国红树林总面积（25311.9公顷）的72.96%，其中自然保护区占69.12%，湿地公园和海洋公园占3.84%，自然保护小区保护面积不详。从保护红树林的面积看，自然保护区是保护中国红树林的主体，也是最早出现的保护形式。湿地公园、海洋公园及自然保护小区均出现在2010年之后，是自然保护区的重要补充。

目前，广西有2个国家级红树林自然保护区、1个省级红树林自然保护区、1个国家湿地公园和1个国家海洋公园，合计保护4498.11公顷的红树林，占全国红树林总面积（25311.9公顷）的17.77%，占广西红树林总面积（7328公顷）的61.38%。为了切实加强对广西上述自然保护地以外红树林的保护，自治区立法意义重大。据了解，2017年4月习近平总书记视察广西北海红树林后，钦州、北海、防城港三市均开始了红树林保护条例的立法工作，其中防城港市的红树林保护条例已进入市人大审议程序。广西壮族自治区人大常委会法制工作委员会也已着手《广西红树林资源保护条例》的立法工作。立法时统一思想，明确立法保护的层次与对象十分重要。

（二）立法保护涉及的一些重要科学问题

保护对象范围内及自然保护地以外红树林的保护，是广西立法保护红树林的关键问题。

1. 立法保护的对象

红树林是典型的海洋生态系统，不是简单的森林植被。长期以来，正是因为我们将红树林保护简化为植被或林地保护，才导致了我国红树林结构、功能和生态服务价值的总体衰退。为了维护海岸生态安全，我们必须将单纯的植被保护扩展到红树林生态系统的整体保护，把生境、环境、鸟类、底栖生物等纳入保护对象，维持系统基本的生命过程和健康水平。为此，必须通过立法消除或缓解外界对红树林生态系统的威胁。

红树林生态系统是一个内部有机集成，外部相互影响的系统。例如，团水虱对红树林的危害就是“海区污染—放养畜禽—海洋动物种群消长—天敌衰退—敌害生物暴发—红树植物死亡”的链式反应；红树林周边海岸的围填海工程会影响红树林立地的水动力条件，改变红树林斑块的演变进展；滨海陆生天然植被的退化会加剧红树林虫害，等等，不一而足。要是我们只保护红树林植被，而不管环境和海洋动物，就达不到保护红树林的目的，更无法充分发挥其强大的生态服务功能。从全局看，红树林保护至少应该包括以下9个具体对象，立法保护的着力点就是减缓和消除损害这些对象的人为活动。

①现有红树林及其立地；

②现有红树林周边的宜林滩涂；

③与红树林密切相关的底栖动物栖息地（滩涂）；

④鸟类摄食地（滩涂、浅海）；

⑤随潮水进出红树林的游泳动物通道（潮沟）；

⑥潮间带和毗邻潮下带沉积物与水体环境；

⑦陆源淡水入注口（河口、沟壑等）；

⑧长期自然演变形成的周边海岸地形地貌；

⑨滨海陆生天然植被，包括乔木、灌木、草丛。

2. 立法保护的范围与边界

在立法时，要给出一个具有普遍意义的保护地边界范围建议十分困难，关键原因是不同的保护地重点保护对象和环境不同。为了给出立法保护边界的原则性建议，我们只能以有限的、相关的研究结果为例子进行探讨。

红树林外围裸滩不仅是底栖动物的生产空间，也是红树林繁殖体扩散、自然恢复的空间。在条件较差的开阔海岸，至少要预留50米的红树林自然恢复空间；在条件良好的河口区，红树林扩展较快，要预留100～150米的红树林自然恢复空间。这样的空间，基本上可以满足10～15年红树林自然扩展对滩涂空间的需求。

研究表明，圆尾鲎幼鲎的密度与距离红树林的远近呈显著负相关，也就是说越靠近红树林圆尾鲎的数量越多，超过400米，圆尾鲎幼鲎的密度趋于0。在交配季节，成年中国鲎会成双成对趴在红树林外的滩涂上，同时幼鲎在滩涂上度过它们的“童年”。以鲎为参考对象，广西红树林自然保护范围的外边界为红树林林缘向海延伸400米以上。

全球30%的黑脸琵鹭冬季在红树林区度过。黑脸琵鹭取食需要在浅水中，水位不能淹没身体，最深只能到腹部的羽毛；但水体又不能太浅，太浅则使它的嘴无法在水中来回扫动，一般水深为20~30厘米的滩涂为最佳觅食地。依照黑脸琵鹭的生活习性，红树林潮沟和潮下带近海就必须为重要的保护范围。

从理论上讲，红树林保护地的边界越大越好，但这并不符合现实，还要兼顾周边群众生产对海域的需求。任何一个自然保护地的具体边界与范围都必须通过本底科学调查，明确保护对象及其空间需求后才能提出具体拐点坐标，并经专家论证、公示后报有关部门确定。

为了保障群众生计，减少保护与生产活动之间的矛盾，不同类型保护地的保护边界范围可有所区别，海向保护边界范围建议：自然保护区，林缘向海400米以上；海洋公园，林缘向海200米以上；滨海湿地公园，林缘向海100米以上；自然保护小区，林缘向海50米以上（表7-1）。

表7-1 各类新立红树林自然保护地边界的原则性建议

保护地类型	海向边界范围	说明
自然保护区	林缘向海400米以上	维持生态系统结构的完整性与生命基本过程，强调绝对保护，限制开发利用
海洋公园	林缘向海200米以上	强调海洋生物多样性保护，兼顾开发利用
滨海湿地公园	林缘向海100米以上	保护林缘滩涂生物栖息地和鸟类摄食地，兼顾开发利用
自然保护小区	林缘向海50米以上	保护最基本的林缘滩涂生物栖息地和鸟类摄食地，尊重周边社区对海域的合理利用

3. 自然保护地以外红树林的保护

针对具体的自然保护区、海洋公园、湿地公园、自然保护小区等自然保护地，制定管理办法是以往的惯例，也比较容易实现。对生长在自然保护地之外的红树林进行立法保护则是一个新命题。

自然保护地以外的红树林由于缺少专门机构管理，责任不清，它们的前途往往取决于当地群众的保护意识及地方官员的意愿。缺少有效的保护网络和问责制度，缺少明确的受益对象与管护者是自然保护地以外红树林自生自灭的根本原因。除制订破坏自然保护地以外红树林的惩罚规定外，也许可以探讨建立更加文明、人性化、有效的社区管理模式。

（三）关注合理利用，提高立法保护的权威性与有效性

纸面文章与实际操作差异甚大，立法容易执法难。像围填海、毁林等直接关系到红树林生存的恶性行为比较容易查处，而进入林区挖掘星虫、贝类，采摘白骨壤果实，放养畜禽等分散式的、经常性的传统经济活动则很难处罚，因为法不责众。后者虽然不会立刻造成红树林的消亡，但数量大、经常发生、影响面广，是红树林生态系统退化的主要原因。

对于破坏性的传统利用行为，立法时都会有针对性的禁止条目，可实际执行起来却困难重重，长此以往会降低法规的权威性。纸上谈兵与有令不止，是立法与执法中存在的两头难问题。“一管就死，一放就乱”备受质疑。疏堵结合，松弛有度，民主与法制是辩证的统一。如果我们的条例只有“抓”“罚”，而没有鼓励、激励，这是立法的悲哀，也是文明的缺失。

30多年的职业生涯，使笔者认识到，红树林立法保护应该兼顾地方群众的切身利益，尊重他们的主观能动性与创造性，避免“闭门造车”“饱汉不懂饿汉饥”的对立，化被动为主动，为此提出以下三点不成熟的建议。

（1）设立“红树经济林”条目。

针对自然保护地以外的红树林，立法时可否设立“红树经济林”条目？即允许在红树经济林海域进行赶海，传承传统文化，或进行红树林生态养殖和增殖，维护群众的基本利益。红树经济林可以是次生林、新造林及邻近一定范围内的滩涂，其选址、范围和边界由专家和管理部门论证确定，鼓励高校和科研院所提供合理利用模式和科技支撑。

（2）探索红树林斑块管护的群众承包制。

对自然保护地以外，具有保护价值的红树林斑块，可以设立新的自然保护小区，可由当地群众认领红树林管护权，政府以红树林有林面积的20%～50%比例给予认领者周边滩涂20～30年的海域无偿使用权。红树林斑块内禁止生产活动，周边滩涂只能用于不改变地形地貌和海域自然属性的经济动物增殖，如底播星虫、贝类等，不能进行畜禽养殖和围塘养殖。红树林斑块面积及健康状况由政府委托第三方机构定期监测评估。如果红树林出现衰退，可缩短海域无偿使用权年限，直至取消海域无偿使用权；如果恢复良好，可适当延长海域无偿使用权年限和扩大海域使用面积。

（3）全面建立沿岸群众巡护员网络。

在红树林沿岸村庄，选择保护意识与责任心强的村干部、村民或德高望重的长者担任红树林巡护员，配备必要的巡护与通信器材，及时发现和上报破坏红树林的行为，主管部门按规定对肇事者进行教育和惩罚。村民与红树林朝夕相伴，能够及时发现问题，管理成本低，是群众路线在红树林保护中的运用。主管部门可以给予巡护员一定的经济补助，每年表彰积极分子，树立保护红树林的社会风气。巡护员制在广西山口国家级红树林生态自然保护区、广西北仑河口国家级自然保护区已实施10多年，效果很好，应该总结经验并向保护区以外的红树林区推广。

四、广西红树林研究历程

广西红树林研究事业的发展与我国改革开放进程息息相关，对其历程进行梳理可起到承前启后的作用。目前，广西的红树林研究队伍分散在各科研院所、高校和自然保护区。粗略统计，广西区内直接参与红树林研究的专业科技人员有100多人，开展红树林相关研究的单位有10余家，主要包括广西红树林研究中心、广西大学、广西林业勘察设计院、广西师范大学、广西海洋研究院等。基于国家平台、高端人才和充足的资源，即将建成的“国家第四海洋研究所”必将成为广西乃至东南亚地区红树林研究与国际合作的领头羊。

脉络梳理不仅需要掌握大量的历史资料和素材，还存在大局研判不当的风险。由于广西红树林研究中心是我国迄今为止唯一的红树林研究独立法人机构，其发展历程在很大程度上是广西红树林研究历史的缩影，这为我们的回顾和总结提供了线索。

（一）1980 ~ 1990 年的起始阶段

20世纪80年代初期，我国的红树林研究主要在厦门大学和中山大学悄然展开。直到1990年，我国红树林研究人员还不足30人。1982 ~ 1986年的全国海岸带和海涂资源综合调查应该是广西红树林研究的起点。广西林学院温远光等骨干在李信贤教授的带领下，全面调查了广西红树林的分布、种类组成、群落类型和生物量，进行了红树林及不同滩涂土壤营养元素的分析。1987年，厦门大学林鹏教授跟广西合浦县林业局的李有甫先生合作，指导其硕士研究生尹毅在广西山口进行了红海榄生物量、掉落物及元素循环的系统研究，为其以后的“红树林三高”理论和工程院院士之路埋下了伏笔。1988年，广西合浦县林业局李有甫先生完成了建立山口红树林生态自然保护区的申请报告。国家海洋局第一海洋研究所解译了1988年11月至1989年2月大于1000平方米像元的广西红树林卫星图片，给出了我国最早的红树林卫星遥感数据。在广西科学院陈震宇副院长的支持下，1990年，广西海洋研究所承担了国家科委重点科技项目“广西北部湾红树林生态系统及其快速恢复”，项目预算为25万元（实施期为1990~1993年），是当时我国资助额度最大的红树林科研项目。这一时期的研究以植物生态学为突出特征，基本上不涉及红树林生态系统。

（二）1991 ~ 2000 年的积累阶段

1991年12月20日广西红树林研究中心成立，挂靠在当时的广西海洋研究所。以此为标志，广西红树林研究进入了10年的积累阶段。广西科学院生物研究所在20世纪90年代初开展了红树林昆虫多样性和桐花树炭疽病的研究。在广西海洋研究所和广西师范大学师生的支持下，广西红树林研究中心以国家科委重点科技项目及其后的国家“八五”攻关项目和国家基金项目为依托，围绕生态系统结构与功能、保护与恢复、管理与利用等方面展开调查研究，在红树林生境条件、生物物种多样性、恢复与重建、管理和可持续利用等方面取得了一系列成果，1993年出版了《广西科学院学报·红树林论文专辑》，1995年出版了《中国红树林研究与管理》，2000年出版了《红树林——海岸环保卫士》。这些出版物如今已成为我国红树林研究的经典文献。此外，“北仑河口综合整治研究”成果获广西科技进步三等奖（2000年）。

1993年11月20日，“中国首届红树林生态系统学术研讨会”在广西北海市成功召开。会议汇聚了我国红树林研究骨干，形成了我国红树林研究与保护的合力，并制定了中国红树林学术年会制度，在我国红树林研究历史上具有划时代的意义。在这一时期，广西红树林科研人员还先后参加了在美国俄亥俄州哥伦布市召开的“第四届国际湿地大会”（1992年），在香港召开的“亚太红树林生态系统研讨会”（1993年），考察了马来西亚海洋资源保护与开发利用情况（1996年）和美国佛罗里达鲁克利湾国家河口研究保护区（1999年）。

以上研究和学术活动，为广西红树林的深入研究与国际合作奠定了前期工作基础。

（三）2001 ~ 2010 年的快速发展阶段

2001年，国家林业部启动了全国红树林资源调查。2002年1月2日，国家林业部在深圳召开全国红树林建设工作座谈会。这次座谈会是我国红树林事业的一个历史转折，为广西红树林事业的快速发展提供了历史机遇。在科研平台方面，2001年8月28日，广西壮族自治区人民政府批准广西红树林研究中心为财政全额拨款的独立事业法人机构，2006年该中心实验室通过国家计量认证，2007年被认定为广西红树林保护重点实验室，2008年获国家海域使用论证乙级资质，2010年被列入我国第一批海岛保护规划编制技术单位。

上述平台为广西深度参与国际合作、承担国家和自治区重大项目创造了条件。2000年以后，联合国教科文组织“亚太合作促进生物圈保护区及类似受保护区可再生自然资源的可持续利用”（ASPACO）项目（2000 ~ 2002年）、联合国环境署南中国海项目（2002 ~ 2008年）、联合国开发计划署中国南部沿海生物多样性管理项目（2005 ~ 2012年）、小渊基金“中日绿化合作示范林”项目（2007 ~ 2009年）、“北部湾地球化学过程中红树林作用的研究”中德合作项目（2009 ~ 2012年）、“海洋污染快速评估技术”中英合作项目（2010年）在广西得到成功实施，铸就了广西红树林国际合作的“黄金十年”。此外，广西大学的周放教授对我国红树林鸟类进行了长期、系统的观察和研究。广西林业厅组织开展了广西红树林资源调查（2001 ~ 2002年），广西林业勘察设计院进行了红树林卫星遥感应用研究，广西海洋局组织实施了“广西重点生态区综合调查”和“广西红树林和珊瑚礁等重点生态系统综合评价”（2006 ~ 2010年）等项目。

这一时期，在红树林及其紧密联系的相关资源方面出版了《中国红树林保护与合理利用规划》（2002年）、《山口红树林滨海湿地与管理》（2005年）、《中国海草植物》（2009年）、《广西红树林主要害虫及其天敌》（2009年）、《滨海药用植物》（2010年）、《中国红树林鸟类》（2010年）等著作，完成了《中国红树林国家报告》（英文版，2008年）。此外，"山口红树林系统特征及其合理利用方案研究"成果获广西科技进步三等奖（2003年）。

在人才培养方面，广西大学林学院从2002年开始，广西师范学院从2010年开始，为广西红树林研究中心提供联合培养硕士研究生的机会，从此广西有了独立培养滨海湿地生态学专业人才的历史，研究领域也从红树林向邻近的海草和珊瑚礁海洋生态系统扩展。

2007年9月7～8日，由国家湿地保护管理中心和广西林业局主办，广西红树林研究中心承办的首届"中国红树林湿地论坛"在北海市召开，与会人数203人，其中广西以外代表56人，新闻媒体25人。论坛通过了《北海宣言》，为推进《全国湿地保护工程实施规划》的实施做出了应有的贡献，显著提高了广西滨海湿地研究与管理在国家战略中的影响力。此外，广西还承办了"中国生态学学会湿地专业委员会年会"（2010年），促进了广西红树林滨海湿地的保护与科学研究。

（四）2011 年以来的应用攻坚阶段

2011年以来，尤其是生态文明建设成为国策以后，广西红树林研究除基础研究和应用基础研究外，开始向生态工程方面倾斜，建立了包括红树林、海草、乡土盐沼植物、海岸重要植物在内的海陆过渡带生态恢复技术体系；创建了红树林地埋管网原位生态养殖系统；概念性规划并指导了生态海堤建设；开展了红树林病虫害防治和海洋污染快速监测与评估技术研究；开始了虾塘红树林生态农场技术攻关与示范研究。

在研究手段上，3S技术（遥感技术、地理信息系统、全球定位系统）和分子标记技术、分子条码技术、宏基因组技术、海岸工程技术、生态养殖技术、海洋牧场技术、基于生态系统的自然保护等新技术、新理念在红树林研究中的应用，推动广西的红树林研究水平上了一个新的台阶，涌现了一批创新性的理论成果和原创性的应用技术，为广西的红树林及海洋保护事业提供了技术支撑。2016年11月，《Nature》本刊发表了广西红树林研究中心陈骁博士为共同第一作者的一项重大科研成果“无脊椎动物RNA病毒圈的重新界定”。

2011～2017年，广西出版了《中国亚热带海草生理生态学研究》（2011年）、《多方参与的经验及展望：广西山口红树林世界生物圈保护区的十年》（2011年）、《基于生态系统的生物多样性管理实践》（2012年）、《广西红树林害虫生物生态特性与综合防治技术研究》（2012年）、《红树林遥感信息提取与空间演变机理研究》（2013年）、《广西北部湾红树林湿地海洋动物图谱》（2013年）、《华南海陆过渡带生态恢复系列》（红树林、海草、盐沼、海岸植物，2014年）、《广西北部湾典型海洋生态系统：现状与挑战》（2015年）、《北部湾广西海陆交错带地貌格局与演变及其驱动机制》（2017年）、《广西科学·广西北部湾滨海湿地专辑》（2017年）等著作。

此外，“广西红树林害虫综合防治技术及其应用研究”获2011年广西科技进步奖二等奖，“区域红树林动态监测与空间演变分析技术研究及应用”获2016年广西科技进步三等奖。包含红树林内容的《广西壮族自治区生物多样性保护战略与行动计划》（2013—2030年）获广西社会科学优秀成果三等奖（2014年）。

近年来，广西承办了具有较大影响的一系列红树林学术会议：“亚太地区红树林恢复与可持续管理激励机制研讨会”（2012年）、“中国红树林生态系统创新利用专家咨询会暨中国生态学会红树林生态学专业委员会理事会2014年年会”（2014年）、“北部湾近海资源与环境生态两岸三地工作坊”（2014年）、“第七届中国红树林学术研讨会”（2015年）。2016年8月，“中国太平洋学会红树林海草研究分会”在广西红树林研究中心挂牌成立。该中心还被连续选为第七届和第八届“中国生态学会红树林生态学专业委员会”的主任委员单位。这些学术活动表明，广西已成为我国乃至亚太地区红树林研究的一支重要力量。

（五）研究对红树林保护的促进作用

2014年，广西红树林研究中心主持起草了《全国湿地保护“十三五”工程实施规划》中的红树林专题，其中的红树林可持续利用模式被规划采纳。广西壮族自治区人民政府参事范航清、莫小莎、陈保善和邓国富于2015年向自治区人民政府提交了《将广西红树林保护与恢复打造成为我国红树林可持续利用的一个榜样》专题调研报告；范航清、莫小莎和陈保善参事完成了2017年广西壮族自治区人民政府参事重点调研课题，提交了《我区红树林保护与旅游开发调研报告》。2018年4月，广西红树林研究中心完成了广西特色新型智库联盟“虾塘红树林生态农牧场（广西传统虾塘生态化改造与产业升级示范基地项目）”课题，提交了咨询报告，相关工作被纳入自治区人民政府2018～2020工作方案。2018年7月25日，广西壮族自治区十三届人大常委会第四次会议审议了《广西壮族自治区红树林资源保护条例（草案）》，广西红树林研究中心为该条例提供了立法论证报告。

对广西红树林自然资源、生态价值和保护技术等的研究，促进了广西以红树林为保护对象的保护区的建立和晋升。在我国已建立的6个国家级红树林自然保护区中，广西占了2个。长期以来，广西红树林研究中心在学术、报告、技术等方面为广西的红树林自然保护事业提供技术支撑，协助山口国家级红树林自然保护区于2000年成功加入联合国教科文世界生物圈（UNESCO/MAB）保护区网络，并顺利通过2011年世界生物圈保护区的第一个10年评估；于2000年推荐北仑河口省级自然保护区成功晋升为国家级自然保护区，2005年成为联合国环境规划署全球环境基金（UNEP/GEF）南中国海项目的红树林国际示范区；完成钦州茅尾海国家海洋公园的可行性论证报告，2011年广西第一个国家海洋公园落户钦州市。2002年“北海城市红树林与人的相互影响和环保经济”（桂科基0236032）项目，完成了北海城市红树林的保护与经济开发功能区划，为今天的金海湾红树林生态旅游区和北海滨海湿地公园建设提供了科学依据。

广西颁布了《广西红树林生态健康监测技术规程》（DB45/T 832—2012）和《红树林生态健康评价指南》（DB45/T 1017—2014）两个地方标准，提高了红树林生态监测的科学性、规范性和保护管理措施的有效性。广西红树林资源特征、生态健康状况、动态变化和发展趋势等的研究，促进了广西红树林保护的地方立法。《北海市红树林保护条例（草案）》和《防城港市红树林保护条例（草案）》近期已通过地方人大审议，广西壮族自治区人大常委会法制工作委员会也在制订《广西红树林保护条例》。

保护是发展的基础，保护的根本目的是合理利用，促进社会发展。为此，广西红树林研究中心提出了判定生态工程可持续程度的十二字方针：“树要种，种要保，钱要挣，歌要唱。”“树要种”即保护和恢复红树林植被；“种要保”即保护生物多样性；“钱要挣”即通过生态保育和技术创新获取经济社会效益；“歌要唱”即人天地合一，人与自然和谐发展。

五、广西红树林国际合作

广西地处祖国西南边陲，科技和管理力量薄弱，国际合作是学习先进理念，快速提升广西红树林科学研究水平和管理能力的重要渠道。2000年以前，除全球环境基金（GEF）和世界自然基金会（WWF）2个资助个人的小项目外，广西几乎没有大型的红树林国际合作项目。

1997年，山口国家级红树林生态自然保护区与美国佛罗里达州鲁克利湾（Rookery Bay）国家河口研究保护区结成姐妹保护区关系，双方互派管理人员和专业技术人员进行了交流。2000年以后，在国家环境保护部和国家海洋局的推动下，广西红树林国际合作得到长足发展（图7-1）。

图7-1　广西红树林国际合作交流活动

（一）人与生物圈 ASPACO 项目

2000～2002年，广西红树林研究中心和中国人与生物圈国家委员会、广西壮族自治区海洋局、山口国家级红树林生态自然保护区管理处共同承担了联合国教科文组织/ASPACO基金项目“生态旅游规划研究&

社区参与和公众教育”。参加项目的国内专家学者到美国和越南进行了考察交流，越南国家人与生物圈委员会专家也到北海进行考察与学术交流。

（二）UNEP/GEF南中国海项目（SCS）

联合国环境规划署全球环境基金（UNEP/GEF）资助的“扭转南中国海及泰国湾环境退化趋势”项目是一个大型海洋多边合作项目，实施期为2002～2008年，参加国家有中国、越南、泰国、柬埔寨、马来西亚、印度尼西亚和菲律宾7个国家。我国的项目组织实施机构为环境保护部，项目协调管理单位为华南环境科学研究所，国内4家科研单位和高校承担了相关专题。

广西红树林研究中心被选为该项目红树林专题的中国执行机构。项目通过头2年的研究，完成了《中国红树林国家报告》《中国红树林行动计划》，建成了中国红树林地理信息系统，成功推荐了广西防城港国际示范区。在项目的后4年，广西红树林研究中心跟项目地方经理密切配合，组织协调了防城港市政府、北仑河口国家级自然保护区和防城港新地公司共同参与红树林的共管，创造了防城港模式。项目发现了防城港天然半红树林植物群落栖息地、滨海沙坝间歇性湿地和珍珠湾海草床，突破了红树林原位生态养殖技术，培养了一批具有国际视野的管理人员与专业人才，有力促进了广西红树林保护机构和科研机构的能力建设，从整体上显著提升了广西红树林事业在国内外的地位与影响力。项目通过一系列国内外会议及互访活动，建立了中国与东盟红树林国家之间的合作平台，共同制定了后续项目的《南中国海战略行动计划》，为“一带一路”红树林生态合作奠定了基础。

（三）UNDP/GEF中国南部沿海生物多样性管理项目（SCCBD）

该项目为国别国际项目，由联合国环境规划署全球环境基金和中国政府共同资助，国家海洋局和浙江省、福建省、广东省、海南省、广西壮族自治区人民政府及美国国家海洋与大气局共同实施，实施期为2005～2012年。广西壮族自治区海洋局、广西红树林研究中心和广西山口国家级红树林生态自然保护区共同承担了该项目在广西的任务。项目诊断了山口红树林生物多样性所面临的威胁，借鉴国际经验、尊重本土文化和传统知识、团结民间环保组织，共同推进保护区的生物多样性多方参与式管理。

（四）中德国际合作交流项目

2009～2012年，广西红树林研究中心与德国不来梅大学热带海洋生态学莱布尼兹中心（Leibniz-Center for Tropical marine Ecology，ZMT）合作，开展北部湾地球化学过程中红树林作用的研究。广西红树林研究中心的5名骨干人员先后到德国进行1～3周的培训或学术交流。

（五）中英国际合作交流项目

基于生物标志物的海洋污染快速监测评估技术，能够回答污染对生物体的影响及危害程度，有助于提高海洋污染风险评估的准确性和预警能力，欧美发达国家已用于区域海洋污染压力的快速扫描。在广西科技厅的资助下，2010年广西红树林研究中心引进英国普利茅斯海洋研究院开发的海洋污染快速评估技术（RAMP），进行了RAMP在北部湾的应用研究，筛选了红树林区的标识物种，建立了生物标志物和基线信息，为进一步研究和应用奠定了基础。

（六）中日国际合作项目

2005～2007年，广西红树林研究中心在山口国家级红树林生态自然保护区的丹兜海海区实施了日本国际红树林协会资助的红树林造林项目，日本专家两次来到北海考察和验收项目。在中日民间绿化合作基金（也称“小渊基金”）的资助下，2007～2009年，广西钦州市林业局在犀牛脚镇联民村开展了“中日绿化合作示范林”项目。中日民间绿化合作基金连续3年，每年投入1000万日元（3年合计195万元人民币），地方配套62.5万元，营造了54.7公顷的木麻黄、黄槿、无瓣海桑、红海榄、白骨壤等多树种、复层结构的高标准示范林，其中红树林造林作业面积53.15公顷。

参考文献

[1] 范航清，刘文爱，曹庆先. 广西红树林害虫生物生态学特征与综合防治研究 [M]. 北京：科学技术出版社，2012.

[2] 范航清. 红树林：海岸环保卫士 [M]. 南宁：广西科学技术出版社，2000.

[3] 廖自基. 微量元素的环境化学及生物效应 [M]. 北京：中国环境科学出版社，1992.

[4] 林鹏. 红树林 [M]. 北京：海洋出版社，1984.

[5] 林鹏. 中国红树林生态系 [M]. 北京：科学出版社，1997.

[6] 王文卿，王瑁. 中国红树林 [M]. 北京：科学出版社，2007.

[7] 中国科学院中国植物志编辑委员会. 中国植物志：第六十五卷第一分册 [M]. 北京：科学出版社，1990.

[8] 周放. 广西陆生脊椎动物分布名录 [M]. 北京：中国林业出版社，2011.

[9] 周放. 中国红树林区鸟类 [M]. 北京：科学出版社，2010.

[10] 黎广钊，梁文，王欣，等. 北部湾广西海陆交错带地貌格局与演变及其驱动机制 [M]. 北京：海洋出版社，2017.

[11] SPALDING M，KAINUMA M，COLLINS L. World Atlas of Mangroves [M]. London：Earthscan，2010.

[12] 范航清，黎广钊. 海堤对广西沿海红树林的数量、群落特征和恢复的影响 [J]. 应用生态学报，1997（3）：240-244.

[13] 范航清，何斌源，王欣，等. 生态海堤理念与实践 [J]. 广西科学，2017（5）：427-434.

[14] 范航清，刘文爱，钟才荣，等. 中国红树林蛀木团水虱危害分析研究 [J]. 广西科学，2014（2）：140-146.

[15] 范航清，王文卿．中国红树林保育的若干重要问题 [J]．厦门大学学报（自然科学版），2017（3）：323–330.
[16] 范航清，阎冰，吴斌，等．虾塘还林及其海洋农牧化构想 [J]．广西科学，2017（2）：127–134.
[17] 顾欣，马力．我国公布首批外来入侵物种名单 [J]．生态经济，2003（4）：78.
[18] 何斌源，范航清，王瑁，等．中国红树林湿地物种多样性及形成 [J]．生态学报，2007（11）：4859–4870.
[19] 李滨．北海地区红树植物拉关木的引种效果调查研究 [J]．大科技，2016（12）：187–188.
[20] 李春干，周梅．修筑海堤后光滩上红树林的形成与空间扩展：以广西珍珠港谭吉沥尾西堤为例 [J]．湿地科学，2017（1）：1–9.
[21] 李想，姚燕华，郑毅男，等．红树林植物海漆的化学成分 [J]．中国天然药物，2006（3）：188–191.
[22] 梁士楚．广西的红树林资源及其可持续利用 [J]．海洋通报，1996（6）：77–83.
[23] 廖宝文，张乔民．中国红树林的分布、面积和树种组成 [J]．湿地科学，2014（4）：435–440.
[24] 罗柳青，钟才荣，侯学良，等．中国红树植物1个新记录种：拉氏红树 [J]．厦门大学学报（自然科学版），2017（3）：346–350.
[25] 潘良浩，史小芳，陶艳成，等．广西海岸互花米草分布现状及扩散研究 [J]．湿地科学，2016（4）：464–470.
[26] 沈永明，杨劲松，曾华，等．我国对外来物种互花米草的研究进展与展

望 [J] . 海洋环境科学，2008，27（4）：391-396.

[27] 石莉. 中国红树林的分布状况、生长环境及其环境适应性 [J] . 海洋信息，2002（4）：14-18.

[28] 陶艳成，葛文标，刘文爱，等. 基于高分辨率卫星影像的广西红树林面积监测与群落调查 [J] . 自然资源学报，2017（9）：1602-1614.

[29] 陶艳成，潘良浩，范航清，等. 广西海岸潮间带互花米草遥感监测 [J] . 广西科学，2017（5）：483-489.

[30] 朱颖，吴纯德. 红树林对水体净化作用研究进展 [J] . 生态科学，2008（1）：55-60.

[31] 左平，刘长安，赵书河，等. 米草属植物在中国海岸带的分布现状 [J] . 海洋学报（中文版），2009（5）：101-111.

[32] 郑德璋，郑松发，廖宝文，等. 红树林湿地的利用及其保护和造林 [J] . 林业科学研究，1995（3）：232-238.

[33] CHEN G Z，CHEN G K，TAM F Y，et al. Purifying Effects of Avicennia Marina Simulated Wetland System on Sewage [J] . Marine Environmental Science，2000（4）：23-26.

[34] ERICKSON K L，BEUTLER J A，MCMAHON J B，et al. A Novel Phorbol Ester from Excoecaria Agallocha [J] . Journal of Natural Products，1995（5）：769-772.

[35] FURUKAWA K，WALANSKI E，MUELLER H. Currents and Sediment Transport in Mangrove Forests [J] . Estuarine Coastal and Shelf Science，1997（3）：301-310.

[36] GLEASON M L，ELMER D A，PIEN N C，et al. Effects of Stem Density

Upon Sediment Retention by Salt Marsh Cord Grass, Spartina Alterniflora Loisel [J] . Estuaries and Coasts, 1979, 2 (4) : 271-273.

[37] HARRIS V A. On the Locomotion of the Mudskipper Periophthalmus Koelreuteri (Pallas) : Gobiidae [J] . Proceedings of the Zoological Society of London. 2010 (1) : 107-135.

[38] KONOSHIMA T, KONISHI T, TAKASAKI M, et al. Anti-tumor-promoting Activity of the Diterpene from Excoecaria Agallocha II [J] . Biological & Pharmaceutical Bulletin, 2001 (12) : 1440.

[39] RICHARDS D R, FRIESS D A. Rates and Drivers of Mangrove Deforestation in Southeast Asia, 2000-2012 [J] . Proceedings of the National Academy of Sciences of the United States of America, 2015 (2) : 344.

[40] 邱广龙. 红树植物白骨壤繁殖生态研究与果实品质分析 [D] . 南宁: 广西大学, 2005.

[41] NELLEMANN C, CORCORAN E, DUARTE C M, et al. Blue Carbon: The Role of Healthy Oceans in Binding Carbon. A Rapid Response Assessment[R]. United Nations Environment Programme, 2009.

图片摄影：范航清　潘良浩　陶艳成　孙仁杰
吴　斌　阎　冰　邱广龙　苏远江
王文卿　林清贤　杨明柳　唐上波
廖　馨　莫竹承　Kesner-Reyes K
Randall J K
图片提供：范航清　刘文爱　李　斌
北海中信国安实业发展有限公司

图书在版编目（CIP）数据

红树林 / 范航清等著. —南宁：广西科学技术出版社，2018.10
（我们的广西）
ISBN 978-7-5551-1049-1

I.①红… II.①范… III.①红树林—森林保护—广西 IV.①S718.54

中国版本图书馆CIP数据核字（2018）第202124号

策　　划：黄敏娴　责任编辑：方振发　助理编辑：苏深灿
美术编辑：韦娇林　梁　良　责任校对：陈庆明　梁诗雨　责任印制：韦文印
出版人：卢培钊
出版发行：广西科学技术出版社　地址：广西南宁市东葛路66号　邮编：530023
电话：0771-5842790（发行部）　传真：0771-5842790（发行部）
经销：广西新华书店集团股份有限公司　印制：雅昌文化（集团）有限公司
开本：787毫米×1092毫米 1/16　印张：17.25　插页：8　字数：240千字
版次：2018年10月第1版　印次：2018年10月第1次印刷
本册定价：128.00元　总定价：3840.00元

审图号：桂S（2018）82号